愿你心中有阳光,脚下有力量。

余生很贵，一定要做自己喜欢的事。

运动不仅代表一种生活态度,更代表一种生活方式。

让美食为生活加点"料"。

好好工作,好好生活。

热爱可抵岁月漫长,
热爱可抵千难万险。

左手月亮右手六便士
以自己喜欢的方式过余生

齐帆齐 著

中国纺织出版社有限公司

内 容 提 要

本书中可以看到一个个出身极为普通的个体，如何借助互联网成长为自己想要的人生模样。他们以自己喜欢的方式生活着，物质精神双丰收。

这是一群值得记录的人，他们的成长故事，或许会对你有所触动和启发。

图书在版编目（CIP）数据

左手月亮，右手六便士：以自己喜欢的方式过余生 / 齐帆齐著. --北京：中国纺织出版社有限公司，2024.5
ISBN 978-7-5229-1355-1

Ⅰ.①左… Ⅱ.①齐… Ⅲ.①成功心理—通俗读物 Ⅳ.①B848.4-49

中国国家版本馆CIP数据核字（2024）第020210号

责任编辑：刘 丹　　责任校对：江思飞　　责任印制：储志伟

中国纺织出版社有限公司出版发行
地址：北京市朝阳区百子湾东里A407号楼　邮政编码：100124
销售电话：010—67004422　传真：010—87155801
http://www.c-textilep.com
中国纺织出版社天猫旗舰店
官方微博 http://weibo.com/2119887771
天津千鹤文化传播有限公司印刷　各地新华书店经销
2024年5月第1版第1次印刷
开本：880×1230　1/32　印张：5　插页：2
字数：80千字　定价：49.80元

凡购本书，如有缺页、倒页、脱页，由本社图书营销中心调换

自序

左手月亮，右手六便士；只工作，不上班。

这些年，网络的蓬勃发展，催生出一大波自由职业者，只要有网络就可以随时工作，一切自我主宰，而我就是这波浪潮下的幸运者之一，只工作，不上班，已经有七年多的时间了。

每天不用为了通勤赶时间，不用上下班打卡，不用看人脸色，不用为复杂的职场人际关系伤神，所有时间完全自由安排。相对于职场的忙碌，我更喜欢自我掌控。

我现在的生活和工作方式，就是现在所流行的"新个体新商业"。个体不需要像过去那样，过分地依赖某个组织或某个机构去生存，而是自己就活成了一个独立的经济体，也就是所谓的"个体崛起"。

这本书里讲述的主要是如我这类人的成长故事。有的是"一人企业"，部分工作可以找线上兼职或外包。

罗振宇曾在《罗辑思维》中提到一个概念，叫作"U盘化生存"。用 16 个字表达：自带信息、不装系统、随时拔插、自由协作。也就是说人与人之间不必一定是雇佣关系，而自己就是一个系统，大家只是平等的合作关系，可以选择与个人合作或是与某个平台合作。

个体创业者的好处就是自由度很高，身体和灵魂自由，少了很多不必要的精神内耗。

不好的地方就是盈亏自负，需要超高的自律精神。

世间万物，凡事都是有利有弊。

虽然不用去公司上班，但是在家里也不可能由着自己的性子。因为没有领导，没有单位制度的管束，没有 KPI 指标，需要自我管束才能让自己的事业越来越好。

我认识一些网友，辞职后从事自由职业。开始时是努力半个月，再后来就直接躺平。很快陷入了瓶颈期，最后没有稳定的收入来源，无奈之下又去公司上班了。

自由职业者需要每天给自己列计划，列出必须要完成的事项，严格要求自己，还应多看看同行的工作进度和发展方向，多与优秀的人交流，在能力许可的范围内多加入一些牛人社群，让圈子倒逼自己成长。

对于我个人来说，网络自媒体平台的出现，改变了我的命运轨迹。

在没有写作、没有网络创业前,我是一名四处奔波,颠沛流离的打工者,我曾去过福建泉州、浙江的温州、杭州,河北的宽城,河南的漯河等地。

那时是为了生计,在社会的夹缝里被动谋生,白天要么在工厂车间和宿舍,要么每天守着摊位,晚上才回住处休息,基本上是两点一线的生活,活动半径就是周围两公里,从没在当地的景点玩过,也没有认真享受过生活,仅仅是为了生存就已耗光了所有力气。

我个人是30岁后从零起点开始写作,一年后实现了副业收入超过主业收入,一年半后,正式成为一名网络自由工作者。

自从成为网络自由工作者后,我去过很多城市,也和文友姐妹结伴去感受异国他乡的风土人情。我们边旅游边工作,无须向谁请假,也不会耽误工作,反而因为旅行拥有了更多的创作灵感,这对写作和网络创业都是加分项。

网络写作持续五年后,我实现了基础版的财务自由,一个月的收入可超越之前一年的所得。这并不是我的能力提升了多少,而是网络放大了我的个人能力,写作增强了我的影响力,我也充分利用网络这个载体,通过写作这项工具,打造出了自己的个人品牌。

有人曾说,当你在网络上打游戏、刷剧,沉迷自我时,你就是网络的"奴隶";当你利用网络学习、工作、成长,不断让自己变得更好时,网络就是你的"奴隶"。

此刻,请思考一下你是网络内容的生产者还是消费者?

我和本书故事里的人物都是网络内容的生产者,同时也是消费者。

本书中的绝大多数人,都是多年的自由工作者,都是依托网络,实现了时间自由和经济独立,过上了自己想要的生活。

找到自己的热爱所在,结合网络放大它,同时提升自己的商业思维和运营能力,日积月累,你就有机会拥有更多的人生选择权。

书里的这些自由职业者们,也叫"数字游民",有的人游历过十几个国家,有的人是每年在不同城市旅居几个月,而这一切都是他们主动的选择,而不是被动地在外漂泊谋生,这两者是截然不同的生命体验。

这本书里有不同年龄、不同起点、不同发展方向的人,他们都借助网络创业改变了自身命运。看他人的故事或许对你能有所启发,有所触动。

由个人热爱自然生发出商业,这一切是水到渠成的过程。

网络创业者都是互联网发展中的受益者,他们实现了在家学习、读书、工作、养花、运动等。人生最幸福的事,莫过于做着自己喜欢的事，顺便获得一点名和利。

如果没有网络自媒体平台的出现，没有因写作打造个人IP，现在的我大概率还是服装厂里的工人或是营业员。

因缘际会和自己的坚持，如今我实现了左手文艺情怀，右手商业思维；左手月亮，右手六便士。

同时，我有机会采访、品味别人的一段人生，结识更多有趣的灵魂，并用文字记录下他们的故事，展现给更多人看，于是有了这本书。

我是幸运的，找到了自己热爱的事情，并且把热爱的事情做成了事业，拥有了极大的生命自由度，可以做更多有意义的事。

愿看到本书的你，也能早日找到自己热爱的事情，去激发，去创造，去丰盈自己。

在内卷和躺平之间，找到一条合适的道路，做酷酷的自己。

世界上只有一种成功，那就是以自己喜欢的方式过一生。

共勉！

齐帆齐

2023年10月

目录

01 自由职业者的生存状态

插画师一格：绘画爱好与商业并驾齐驱 / 2

崖柏收藏家时光老师：把迷恋热爱的事变成小众事业，收获丰盛人生 / 9

为写作而生的从容小主：以写作为渡口打发时光，却意外写出46部小说 / 18

商业奇才 Peter 老师：他如何将一手烂牌打成王炸 / 23

02 网络创业体验人生

私域运营项目操盘手依米：撬动信任杠杆，1年实现千万业绩 / 32

自媒体人洛子帅：离开体制，只想以热爱的方式过一生 / 43

出世又入世的一紫：她通过网络拥有了经济独立和自由的底气 / 50

新时代女性标杆凌波微语：左手事业，右手家庭 / 56

03　数字游民的生存之道

"70后"的保育员梁家玲：借助互联网弯道超车，过上理想生活 / 64

创业典范刘智宽：借力打力，让自己走得更远 / 70

爱"折腾"的进化姐：三次进化，只想拥有一个滚烫的人生 / 78

内心住着老灵魂的茉莉：她如何将日子过得如诗一般 / 84

坚持梦想的果果：如何坚持写作并成功变现 / 91

04　奔跑吧，追梦人

"狠人"丁与卯：他把"读""跑""写"当成人生的三件套 / 98

斜杠青年话梅：如何逆袭，写就属于自己的传奇 / 104

多面手柠七：一切经历都有意义 / 112

自律追梦的金豆奕铭姐姐：人生有梦不觉晚 / 117

多重光环身份的张宏涛：如何让自己逆袭为人生赢家 / 123

"90后"女战士徐小仙：比我们优秀的人比我们更努力 / 133

"95后"姑娘闫晓雨：如何让写作成为个人能力的放大器 / 138

01
自由职业者的生存状态

插画师一格：绘画爱好与商业并驾齐驱

一格是一位极具灵气的女子，气质从容静雅。

她喜爱文字，拥有深厚的美学修养，还有着多重身份，她是出版了多本书籍的青年画家，是一座1000平方米花园的主人，是美育平台创始人，也是插画学院的主理人。

很多人从互联网上认识她，是因为她笔下的文字和图画既治愈又温暖，她的短视频传递了美好的生活方式。

不少人在她的微信视频号下面留言说："一格的生活，灵魂自由、时间自由、经济自由，这就是我羡慕的生活……"

"人美画治愈，有对岁月的敬重，有对生活的诗意，以一支笔实现了多少人的理想生活，这才是岁月静好的模样吧……"

"静如处子，动若脱兔"，用这句话形容这样的姑娘最合适不过了。

她是如何走上画画这条路的呢？

一格幼时属于留守儿童，跟着爷爷奶奶长大。童年里她对彩色的小人书有天然的热爱，但囿于环境，没有机会被引导。她并不知道世界上还有人能靠画画生活。一直到了高二，才有机会学习画画。

她说自己一接触到画画，就入了迷。在高中的绘画夏令营中，体重原本只有45公斤不到的她，一度瘦到了不足40公斤。吃饭时想着画画，睡觉时还想着画画，不愿意离开画室半步。

17岁时，她无意中关注到影响她一生轨迹的人。一位年轻发光的漫画家带给她震撼的鼓舞力量，从此一格即认定他为此生的灯塔。

大学毕业那年，她本有考研的想法，打算进修绘画。但在一个深夜里她做出了一个决定，先上班挣钱。因为她不忍心让父母背负压力。尽管艰难，但她绝不后悔。月亮和六便士之间，她只能先向生活妥协，选择六便士。梦想暂时被搁置。

起初，一格在一座小城的一家公司上班。后来怀着对一线城市的向往，打算到大城市里闯一闯，虽然离职报告被领导撕了两次，但她还是决心要走，并拒绝了加薪的诱惑。她带着仅有的5000元来到了上海。也许是上天偏爱她这样有韧劲儿的姑娘，也因为她的实力，她转正后就担任了品牌策划主管。

在上海，她每个月忙里偷闲都要画上几幅画，而这些画被朋友圈里一位合作过但未曾谋面的导演看中，于是他们一起合作了中国首个手绘水彩广告宣传片，她第一次凭借绘画获得了不错的收入。

"那是非常激动的、可以说是里程碑的时刻。"一格说。

就在上海公司准备给她分干股，升她为总监的时候，她做了另一个决定。受哈尔滨工业大学一名教授的朋友邀请，她去了深圳一家科技公司做了品牌总监兼合伙人，她是其中唯一的女性合伙人。

公司得到投资，正是蓄力发展的时候，因为条件艰苦，她和其他合伙人在一张不大的桌子上吃饭，由此，所有人都不自觉形成了一个站着吃饭、快速吃饭的习惯。很多时候，她下班回到家，躺在床上时已到了凌晨。

一位二十多岁的姑娘，欣然理解选择和成长带给自己的独特人生体验，从未有过抱怨。

2017年的夏天，因为一个机缘，她开始思考自己到底要用怎样的方式度过一生？看似一切都在往好的方向走，但是她总感觉缺少了什么。对，是那股从骨子里透出来的对绘画的热爱。假若身处最好的年华却无法体验绘画的乐趣和生活的美好，活着又有什么意义呢?

思考过后,她到公司交接好一切,只身一人带着一只猫来到了杭州。一格在一片挽留声中离开,但她像是一只在探索生命轨迹的蜗牛,一步一步爬到自己的使命之处。对于绘画,她内心始终有着无法磨灭的热忱。

她后来在自己的公众号文章里写道:认识自己要成为什么样的人,是实现自我、获得幸福的捷径和关键。

她的梦想是做一名以画为生的人,过上自由的生活。抬头看星星,执笔画月亮。

2017年,她用积蓄买了一套房,每天陪伴在身边的是一只叫"大王"的猫,画画、写字、看展、做美食、摄影、泡茶,一切皆由热爱。

一格说:"这辈子,我不是借来的。只要能力所及,要做就做令自己开心的事。"

人活在世上,就应该有一件热爱的事情,并在这件事情上下功夫,而一格真的做到了。

辞职后,一格没日没夜地画画,同时在公众号上写作耕耘。没多久,各种合作纷至沓来。她成为国内知名绘本类杂志的供稿画师。当年她大学毕业时,最大的梦想就是自己的作品能刊登在这家杂志上,兜兜转转,五年的时间,她终于实现了当初的梦想。

2018年,她受到七家实力斐然的出版社的邀请。做热爱的事,她渐入佳境。

在焦虑的时代环境下,在荒地中造1000平方米的花园,传播"乌托邦"式的花园生活

2020年的春天,一格又做了件一般人敢想却不敢做的事,在她先生和家人的帮助下,把城郊1000平方米的闲置荒地建成了花园。

这个时代充满焦虑,在城市中打拼的人每天处在快节奏的氛围中,失去了生活的乐趣。她想建造一个精神花园,不仅用画作去治愈他人,还以一种生活方式传播治愈的力量。

如今四年过去,曾经有土茅厕的荒地,现在变成了鸟语花香的"乌托邦"。一格的艺术工作室就坐落在花园里。在那里,她画出了一幅幅治愈人心的作品。

绘画之余,她也会披上粗衣下地亲自栽花种菜,她说,这是工作之余的休息方式。远离城市的喧嚣,所见所闻,都让自己内心欢喜。

花园的照片和视频在网上发布,吸引了众多的绘画读者和朋友们,很多人希望去亲眼看看这个美好的世界。这应该是上天对她的回报吧！她对人生的果敢决策，以及在爱好上的深耕，成就了如今的自己。

在互联网时代，用自媒体放大个人爱好，实现人生的蜕变

一格如今拥有一间有诗、有花、有画的工作室，还和先生经营着一家文化公司。2023年她又合作出版了三本书，合作的对象包括全球知名百万畅销书作家塞普尔维达和中国知名童书作家。

一格因曾经的工作经历，对商业品牌理解至深。个人的爱好与品牌相结合，让她在互联网时代发挥出巨大的影响力。

"往回看，曾经走的路，每一步都算数。"她说。

她的线上绘画课学员和读者数万，跨越十几个国家，通过自媒体，她帮助了众多宝妈成为自由插画师，依靠绘画获得了不菲的收入，并点燃了无数人的绘画梦。她的同名微信视频号也吸引了越来越多的关注者，他们都被她的生活方式治愈着。

除此之外，她在2021年成立了一家美育绘画品牌创业平台。这家美育平台独特的理念，吸引了全国各地几十人加盟，很短时间内就拥有了几十位理念契合、纷至沓来的加盟合伙人。她的绘画事业版图进一步拓展，线上线下同步发展，相互加持。

"怀着使命感帮助他人的同时,实现自己的人生价值"一直是她所践行的。

一格从一位平凡的农家女孩,到现在拥有令人羡慕的"乌托邦"式生活和热爱的事业。她凭借努力实现自己的人生价值,洒脱地走过人生四季。

心里有光亮,灵魂有香气。于她而言,成长就是突破一个又一个里程碑式的事件,她的人生是一部读不完的书,精彩还在继续。

崖柏收藏家时光老师：把迷恋热爱的事变成小众事业，收获丰盛人生

时光老师，原名林彩娟，"80后"人，是崖柏品牌创始人，著有《崖柏鉴藏》。她在能量提升和财富自由方面颇有心得，写了两本关于提升能量的内部教材《能量场的秘密》和《能量提升笔记》，已是该方面的商业顾问。

认识时光老师后，我才知道什么叫崖柏。崖柏是一种比沉香更珍贵的植物，是一种极为高贵、独特的物品。时光老师的崖柏葫芦，简直是人见人爱，非常适合文艺人士。

时光老师家有各种崖柏制作的物件：崖柏茶、崖柏熏香、崖柏雕刻品等。崖柏可以安神定心、清静养心、提神醒脑、缓解疲劳、增雅升档。时光老师正如她钟爱的崖柏一般——沉静

美好，底蕴丰厚。

时光老师热爱读书，喜欢崖柏，懂鉴赏，会收藏，还善于写作，她已经凭借自身才华和势能打造了很多成功的经典，比如，5年收藏了价值过亿的崖柏；2个月打造崖柏圈顶级社群鉴柏会；23天写出1本畅销书；1封销售信15天卖出100万元崖柏茶；15天预售新书，变现50万元等。

时光老师有着自己的能量哲学。

人最独特的是气质

时光老师本人有一种特殊的、令人着迷的气质。她的爱人俞先生就是被她的气质所吸引。

时光老师和俞先生是典型的一见钟情。那年，她刚刚结束了一段数年的感情，由于正处于适婚年龄，家里人开始催她相亲。

于是，她注册了一个相亲网站的账号，并在上面发了一些自己的照片和基本信息，过了一段时间，当她再次登录的时候，被一个人走心的留言吸引了，那个人成了她现在的爱人，也就是俞先生，一位典型的工科男。

俞先生在相亲网站上无意中看到了时光老师的照片，一下子就被吸引了，见面后更是非她不娶，三个月后他们闪婚了。

吸引俞先生的就是时光老师身上独特的气质。

时光老师曾在《能量场的秘密》一书中提到，为什么有些人有特别的吸引力呢？原因是对方身上的"气"，包括了气息、气味、气质、气色等，其实指的是一个人的生命力，也就是能量场。要想吸引到你想吸引的人和事物，就必须修炼你的能量场。

做自己最喜欢的事情

汪曾祺说，一定要爱着点什么，恰似草木对光阴的钟情。时光老师喜欢崖柏，崖柏于她，简直似捆绑式的。在业内，说到时光老师，必提起崖柏，提起崖柏，必绕不开时光老师。

2012年，时光老师在她的朋友家里看到了一尊崖柏。崖柏的香气非常迷人，电光火石间，她的灵魂被击中，眼睛再也无法从崖柏上挪开。回去后她辞掉了工作，开始全身心地研究崖柏，最终成为"崖柏女王""崖柏收藏家"。

为什么时光老师数年如一日地玩崖柏，并且越做越好，越做越轻松呢？

因为热爱。热爱可抵岁月漫长，热爱可抵千难万险。

时光老师说："只有足够的热爱，才会有足够的动力，你才会想方设法、孜孜不倦地去学习和行动。"

为什么平时我们有很多事情没有坚持下去，那些事情明明是喜欢的。因为那是我们自以为是的喜欢。真正的喜欢，真正的热爱，是需要付出时间和精力去探索，去追求，去发展，去精进的，而非嘴上说说而已。

为什么很多事情没有坚持下去，因为不够喜欢，潜意识里不想做。比如有人喜欢汉语言文学，但是却没有为它转专业，甚至平常看的与汉语言文学专业相关的书也很少，更不会跨专业考研，那他一定不是真正的喜欢。

所以，一定要搞清楚自己究竟喜欢什么，并积极地为喜欢的事情奋斗，才会有收获，才会快乐。

我们每个人应该每天追问自己想做什么？喜欢做什么？明晰目标，身心一致，知行合一。

诚心、精心、专心，三心合一

（1）做生意，一定要讲诚信。

关于做生意，时光老师在业界口碑极好，很重视客户的体验和感受。

2017年，她找到行业内做手串最好的10个人，并组成了一个团队，在广州做了一年，各种尺寸的崖柏手串大概做了几千条，致力于做别人做不出的东西。

好多客户都说且买且珍惜，也就是说错过了这个村就没这个店了。

时光老师解释道："真正的崖柏最好玩之处，在于它生长过程中形成的不同的纹理、不同的油脂、不同的颜色、不同的结巴，深浅有变化，而造假的、泡油的崖柏手串，则一律是黑红色，深浅一致，外行看起来油亮，其实是由化学品浸泡所致。"

（2）做事情，一定要精益求精。

时光老师的家里收藏了各式各样的崖柏物件，后来，为了放置崖柏，她干脆开了一家四层楼的崖柏艺术馆。

每天都有来自全国各地的崖柏收藏者拜访她，时光老师同时在各大网站写文章做版主，一时间风头无两，只花了两年时间，她就成为"崖柏女王"。

后来，她成立了自己的社群，主办了崖柏第一届社群年会，业内所有人对她心服口服。当时有人对她说，在他们那片区域，小到8岁，大到80岁，都知道时光老师。

直到现在，时光老师家累计有价值过亿的崖柏收藏品。她谦虚地说自己没有什么现金流，一切只为崖柏。她收藏的理念是：一件精品抵得过百件赝品。

（3）心不专，事不成。

其实时光老师也可以做知识付费，但是她觉得人的精力是有限的，专注地做一件事情，把它做到极致，就是最好的。

"若我们的时间不是用在关键地方，就只能用在应对忙碌之事上。一直忙碌的人很难赚大钱，一定要留时间思考。重要的事情有很多，但是最重要的事只有一件，然后风雨无阻。"

2018年，时光老师的第一本书《崖柏鉴藏》出版，召开了一个风风光光的新闻发布会。行业内的顶级老师，包括国家级的美术大师、雕刻大师都在帮忙签名售书，现场人山人海，每个人都是十本八本地买，让她和大师们签名。

为了让更多的人意识到能量的重要性，时光老师做了线上社群"能量提升小组"，每天分享一个能量锦囊，都是智慧之语，启迪心灵，答疑解惑。很多加入时光老师能量小组的学员，学会了静和定，学会了长期主义，减少了焦虑，稳稳地前进。

2019年年底，时光老师关闭了崖柏展示厅。她想虚实结合，往内求，而不再是不停地向外扩张。她说这个世界的好东西太多了，财富是无限的，人要有接住财富的能力。人总是高估几天的效果，而低估几年的效果，其实每天进步一点点，几年后就会截然不同。

随着对时光老师的了解，我才知道她的能量艺术家群里面都是非常有能量的人，都是各自领域的优秀精英。我也潜伏在群里汲取大家的能量。

她说:"成长的关键点是思维的改变,永远不要低估耳濡目染的威力,你想变成什么样的人,就到什么样的圈子里扎堆。只要你真正帮助过对方,对方一定会有感恩之心,也许一时没反馈,但一定会有其他形式的馈赠,这是宇宙规律。"

事实证明,她说的是对的。

时光老师在疗养身体的过程中一直专注能量学和心理学,她把这一路的经历写在《能量场的秘密》一书中。这本书上市搭配崖柏和社群,两个月就卖了近50万元。很多人不但反复看了几十遍,还整书抄写,几乎每位看过这本书的人都会自发帮她宣传,尽管价格不菲,但是所有人都认为物超所值,主动给她发来阅读的心得感受。

这是一本充满智慧的能量好书,带给人巨大的启发和力量。2021年下半年,时光老师又出版了《能量场提升笔记》,也是一样的火爆。

时光老师把热爱的崖柏做成了事业,并做到行业前端,成立了自己的能量小组,用自己的亲身经历和经验影响身边的人,她自身也获得了精神和物质的双丰收,她践行"乐赚"理念,也就是快乐生活,快乐赚钱。

她也曾经历坎坷,或许这一切都是为了成就她而来,让她拥有了现在超然平和的心态,我们看到了她这一路温柔而有力量的成长，相信时光老师和崖柏的传奇故事以及她的能量场会吸引越来越多的人靠近她。

时光老师经典语录节选

1. 你认知的天花板决定了你收入的天花板。思维不改变，花再多的钱也没办法。用七成的时间学思维与智慧，用三成的时间去学方法即可。

2. 永恒不变的生存法则：安全第一，包括人身安全和资产安全。

3. 财富自由是财富＋自由。什么是自由，你可以决定你的时间如何使用，而不用为了生存出卖自己的时间。所以，财富是手段，目的是自由。

4. 合一代表不纠结，不拉扯，不内耗，不自相矛盾。

5. 在感觉疲惫的时候可以关闭五感，不听、不看、不说、不闻、不触。

6. 时间管理的精髓是精力管理，精力管理的本质是能量管理。

7. 从来都是无形决定有形，思维决定物质，你的能量场你做主。

8. 互联网时代，谁都容易赚几笔钱，难的是持续赚钱，而且越赚越多，那是需要真正的实力和基本功的，不是靠吹嘘的。

9.最好的投资是投资内在心性的成长，无形决定有形，心之力决定了思维模式，思维模式决定你的行为，你的行为决定你的结果。

为写作而生的从容小主：以写作为渡口打发时光，却意外写出46部小说

写作路上，真有天赋之说吗？有的人特别想写可就是写不出来，但也有特别能写的人，就如同一台打印机直接就呼啦啦变出了一个个文字，一篇篇文章，一本本书籍。

从容小主姐姐就是这样的人。2018年12月她注册简书账号，开始了写作之旅，刚开始是每天1000字，到后来每天稳定在1万字以上，已持续了4年半，累计写作字数已突破2500万字。

她说，只要开始写一部小说，每天必定能达到1.6万字到2.6万字的写作量，另外她还每天写日常随笔散文。除去完成一本小说空档期外，保守估算平均日更仍然有1.5万字左右。

如果有人偶尔几天写1万字，倒也不稀奇，而她却能持续4年半以上，日复一日，年复一年，且题材涉及多个领域，这不得不说是一个奇迹。国内可能只有少数网文作者可以做得到。

从容小主姐姐在来简书之前从未正式写作过，只是比较爱看书，曾经当过大学图书馆管理员、大学老师，也做过餐厅服务员。

2018年，她工作有调动需要去外地工作，她便选择提前回家做了全职妈妈，照顾正在读初中的儿子。也就在这个时候，她开始尝试写作，这一写就停不下来。

从容小主姐姐是"70后"，她提前申请了退休，目前每月拿着基本退休工资，全身心地写着她的长篇小说，也可以说她是自由工作者，写作就是她的主要事情，每日与文字为伴，她很享受这样的沉浸式写作生活。

从容小主姐姐的文章，是那种随心流淌出来一气呵成的文章，呈现出来的状态是满满的松弛感，看她的文字会觉得很轻松，她是按照自己喜欢的方式写作，随心所欲地写，不在意所谓的架构、写作手法、前人创作经验等。她就是心流心语，任意而为。

从容小主姐姐所写的数千万文字，全是手机上语音写作而成，她每天对着手机说话，有时躺在床上，有时躺在被窝里，有时靠在沙发上,哪怕是走在路上她都可以随时语音写作千字以上。讯飞语音写作被她用到了极致,科技是第一生产力啊!用在合适的人手里,就像是打游戏开了外挂。

我在网络写作七八年,认识无数网友,也有自己的数万名学员,目前还未遇到能写出如此数字量的作者,有些人可能是因为身体承受不了,大部分人是压根写不出来这么多的内容。

可以说多少人一年也写不出小主姐姐一个月的写作量。无数人一天的阅读量还没有她的写作量多。

或许真的有天赋之说,又或许是她足够多的阅历和阅读量在起支撑作用。她简直就是为写作而生,带着她的天命而来,可以叫"触手怪""天选之人"。

很多文友,想跟着她一起挑战日更万字以上,半月一过,全部趴下了。

她有时候这边在跟我聊天,同时照样在写作,真的可以做到一心二用呀!

春天在回家的路上,她看到满树花开,灵感一闪,便构思了一部小说,本来计划写个七八万字,结果写得起劲刹不住了,灵感哗啦啦,这不,她写出了20多万字的长篇小说《追赶一季花开》。

她因为听到一首歌,就构思了一部长篇小说《飞蛾扑火》,

她在努力推进中，这部作品，她已经完成30多万字。

从容小主姐姐家的很多长辈都有在铁路系统工作的经历，她对这方面有着自己的情结，想创作几部关于铁路人员工作和生活的作品。

她凭着在多个平台的签约作品加入了天津市作协，这样她可以出入一些机构做采访，能获得第一手好素材。

她目前有8部小说超过50万字。其中《息熊碎影》已达到142万多字。其他大部分为20万字～30万字的小说。

2023年她有作品上架喜马拉雅平台，她立马又在那个平台每天录入音频作品，很快有了1000粉丝，还有一些打赏订阅收入。

一个每天输出这么高写作量的人，还要每天录音多篇作品和上传平台，将每天所写的一两万字，另外再用文档备份，这个工作效率是多数人的5倍以上。

更重要的是，从容小主姐姐把生活也过得井井有条，秩序井然。她常常做各种美食，还去田地里面干活。当然，她早已经实现了财务自由，她去帮自家婶婶干活完全出于热爱，是为了运动、消遣，或者说，是为了积累写作素材。

为什么我说她财务自由呢？她文章里说，我这人前半生因钱而劳碌，后半生因钱而自由。她专门有一套房子用于读书、写作，同小区的另一处房子用于居家生活，这是多么任性霸气呀！

  前几天，从容小主姐姐接到宣传一位企业家事迹的写作邀约，她用一天的时间写好了10万字，获得了普通人半年的收入。

  写作就是一种定投，写作更是一种精神救赎。不经意间也许还会收获意外之喜。

商业奇才Peter老师：他如何将一手烂牌打成王炸

崔老师（Peter）老师曾是我们齐帆齐商学院社群中的一名成员，不怎么活跃，以至于我都不知道他的存在，直到后来参加他线下少慢舍课程，他才说起自己曾是我的社群成员。

他有很多独特的商业见解和洞察力，而且帮助很多人提升了收入。他的私董会只有14人，都是在各自领域有所成就的人，有上市公司董事长，有身价几亿的收藏家，还有业务做到十几个国家的商人。

走近他，了解他的故事，你会被他完全吸引。他虽然年轻，却是一个极有深度的人，头脑、思维灵活敏锐，对商业有着独特的见解。

他是怎么把一手烂牌打成王炸的？又是怎么坚持下来，成为众人口中的商业奇才的？且听我娓娓道来……

大学：一边自卑，一边蜕变

Peter 老师出生于河南的一个农村家庭，从小他就很不自信，沉默寡言，独来独往。

这样的性格，让他养成了爱写作的习惯。

2013 年开始，他坚持写总结反思，对生活和人生进行思考，因此，写作能力得到了提高。人生没有白写的字，也没有白费的力气。写作这个技能成为他商业上的一把利器。

大一那年，他意外阅读了《叫我如何不宰你：一个导游的自白》，连夜看完后，他放弃了专业。

从大一下学期开始，他就自学英语，从发音、口语，到口译。坚持了两年早起练英语，用坏了几个 MP5 和几十个耳机。

所以，学习能力和那股向上的韧劲是最重要的，纵然什么都没有，只要有这两样东西，人就有具备成功的可能性。恰恰是这种自学和总结的能力，让 Peter 老师成长了起来，成为如今在商业领域可以指导上市公司董事长、很多资产数亿的企业家以及大学老师。

他的深度思考带来丰厚的回报

毕业那年，本着无所畏惧的魄力，他从零开始创业。"古今立大事者，不惟有超世之才，亦必有坚忍不拔之志。"当时条件非常艰苦，他住在一个不到 10 平方米的房子里，连公交也舍不得坐，经常步行，最困难的时候一天三顿都吃馒头，就这样吃了一个月……

他明白知识并不是力量，充其量只是潜在的力量，善于运用知识，通过明确的行动计划和目标，以及不断地复盘，知识才能转化为力量。他利用自己在大学期间英语方面的积累，做了大学生英语口语培训和小升初英语辅导。

他善于观察，利用英语优势去帮对方，比如为别人提供免费的晨读教材和英语资料，从而打开了英语培训和英语辅导的市场。

有次线下活动，Peter 老师说他大学曾在宁波的一家酒店实习，他也是同批实习生中收到小费最多的人之一，他是如何做到的呢？他善于观察顾客的需求，并围绕需求写留言，其中有一位国外的游客，看到他如此细心周到，很是感动，对他印象很深，离开酒店前给 Peter 老师一大笔小费和一封感谢信，另外留下好多物品指定要给他，对于还在实习期的穷学生来说，这可是一大笔收入啊！

如此看来，做人做事得细心真诚，时时站在他人立场考虑，比别人多思考、多做一点。在谈合作时如果站在对方的立场看问题，一切自然就水到渠成，利他才是最好的利己。

Peter 老师刚毕业第二年就赚到了第一桶金，主要原因在于他看问题的角度。

很多人没有深刻理解定投的逻辑，定投的逻辑与"少慢舍"异曲同工，本质上就是持久做正确的事，享受时间带来的复利效应。一旦深刻理解了，你就会意识到，定投不能仅仅是股票、基金，而应该是健康、认知、能量、好习惯，等等。因为这些构成了你的承载力，让你能够承载更多的财富与责任。

你可以每天花 30 分钟运动，然后每天持续下去，这就是在健康上做定投，1 年后，3 年后，5 年后，10 年后，你的健康会越来越有保障。

更重要的是健康的身体，还节省了金钱，也就意味着你可以用别人看病的钱，去做投资、做感兴趣的事情。

你可以保持每天阅读 1 小时，每月与 2 位牛人进行深度探讨。还可以每季度参加一个高质量的线下课，这也是 Peter 老师一直以来践行的。

在低谷中飞升

2014年，Peter老师转型到了营销领域，靠软文技能很快赚到了第二桶金。2015年有了第一家公司。2016年，软文和社群营销客单价在10万元左右。但后来人生掉入了三个低谷：事业上，选错了市场，花了很多精力帮基础薄弱的人，导致资源分散；感情上遭遇失恋；奶奶和爸爸相继去世。

一切苦闷压在心里，导致他白发早生。君子贵在自省，他在遭遇失败后，仔细复盘，想通了很多问题，也对人性有了更深刻的理解，从一次次失败中，他总结出了许多经验，再次蜕变。

他在商业上的思想体系得到了跃升，思维、收入、资源、人脉等全面开花。经过不断完善，他的"少慢舍"商业理念日渐成熟，少就是多，慢就是快，舍就是得，充满哲学思辨性。

少慢舍的核心理念就是20%的事情决定80%的结果，20%的客户创造80%的财富、成就；80%的时间聚焦到20%最重要的人和事情上；持续做正确的事情，享受时间带来的复利效应；静能生慧，提高洞察力，提升决策质量，坚信日积月累的力量；相信给予的力量，为对的人持续创造价值，拒绝不合适的人和事，把时间放到对的人和事上。

为此，2020年，他精心创立了一个免费的高门槛圈子：Peter私董会，践行"少慢舍"理念。我就是因此才和他有了更多的联系，直到后来成为他的终身制成员。

他把每一个成员当朋友对待，让人觉得这是一个值得深交的人，大家亦师亦友，帮扶成长。资源叠加，彼此赋能，实现思维眼界开阔，收入倍增。他总是先贡献价值，做到极致利他，甚至经常在朋友圈帮助成员宣传。

Peter老师本人非常低调，他一般很少说话，经常在专注地听。他知识渊博，善于从历史人物身上学习经验，他会从全局的高度洞察人性，对成员进行商业思维上的指导，让成员无论是思维还是收入上都获得原先几倍、十几倍，乃至更多倍的提升。

极致交付、极致利他是成功的法宝

他自中学开始就大量熟读历史，研究最多的是《毛泽东选集》，明白成功的人靠的是人心。一个真正为对方着想，给别人带来价值，真诚用心待人，为别人创造增收能力的人，那么其本人自然也会有不错的收获。

北大硕士出身的李黎老师曾连续两次从北京奔赴郑州学习"少慢舍"，还有其他全国各地的精英。后来李黎老师也成为

Peter老师的终生成员。

Peter老师的一个终身制客户因为买房子，经济压力突然增大很多。这让她的关注点聚焦到了"匮乏"上，比如为什么总觉得缺钱。随着这种长时间的自我暗示，她更加不舍得花钱学习、高效社交。Peter老师反复提醒她把关注点转移到拥有的事情上，比如拥有几十万粉丝，拥有成千上万的付费客户，拥有多年的自媒体经验……

他认为，当我们关注点聚焦到拥有的事情上时，这会让我们发生真正的改变，无论认知、能量、状态，还是财富。不同的关注点，决定了不同的努力方向。有的创业者天天琢磨如何找客户，而有的创业者天天琢磨如何吸引客户。

恰恰是时间、精力、金钱等核心资源投入的地方不一样，最终导致结果不一样。

他还认为企业家应该弄清楚客户的核心需求，才能更好地为其贡献价值。

企业家还应该聚焦优势，复制优势，用优势和资源去和别人合作，弥补自己弱点，要琢磨如何让更多人因我们而成功。

总之，创业是不断摸索的过程，正如Peter老师说的，创业就是一个千锤百炼的过程，不断排出杂质，留下精髓，最终由"铁"炼成了"钢"，从而让产品不仅质量更好，也更值钱。

Peter老师的成功令人艳羡。一位上市公司董事长这样评价他："你发掘别人优点转化成生产力的角度简直是一绝。"因为真正成功的人不仅自己成功，还会带动他人、帮助他人、影响他人成功。

据说，在个人成长中有一个临界点，人们刚开始，会想着怎么赚更多的钱，时间一长，某一天，就会思考如何帮助别人赚更多的钱，一旦到这个临界点，收入就有了质的突破。这种想法令我醍醐灌顶，我也开始思考如何使自己成功，并影响他人成功了。

一个人的成功不算成功，带领一群人成功才是真正的成功。

Peter老师是一位极具利他精神的人，他一直在用自己的优势、产品、服务、资源去帮助更多需要帮助的人，最终获得尊重和人心，真正践行了"少慢舍"的理念。

02
网络创业体验人生

私域运营项目操盘手依米：撬动信任杠杆，1年实现千万业绩

纳瓦尔说："世界上有两种人，一种是会利用杠杆的人，另一种是不会利用杠杆的人。"而无论是企业还是个人，致富主要靠杠杆。

尤其在互联网时代，互联网就是最大的杠杆，很多"80后""90后"都是因为抓住了财富的杠杆，实现了人生的逆袭。

依米老师就是这样一位生在互联网时代并抓住了互联网杠杆的"90后"创业者。

她13岁开始接触互联网，18岁左右通过互联网赚到了第一笔钱。大学毕业后的第一份工作是跨界进入一个一年花掉6个亿的项目。第二份工作是把一个公众号做成了估值过亿的品

牌，之后误打误撞开始拿着两个微信号创业，竟然靠着微信里1000多个老客户做私域运营，将信任杠杆用到极致，借助1000多个老客户1年内就做到了营收超千万元。

不仅如此，她还用这套私域的方法帮助做生鲜的客户用一个微信号15天内卖空一座山的苹果；帮助3人的美妆项目小团队实现从月销50万元到150万元的业绩倍增；帮助4个人的私域小团队年营收突破500万元；其帮助的项目用私域运营的方法业绩平均增长2～3倍……

她说："微信作为一个12亿人用的社交工具，除了社交聊天的价值，还有巨大的商业价值可挖掘。而私域运营就是这里面最大的信任杠杆。"

接触她之前，我一直以为私域运营就是利用微信发广告卖货。后来发现，她的私域运营的产值竟是其他同行的10倍以上，之所以有这样的成果是因为她运营的是人与人之间的信任关系，私域运营真正巨大的价值在于信任带来的复利效应。

当然，如果你看过她的故事，可能会更有感触。

珍惜他人给予的信任

依米老师出生于小山村，是村里第一位有机会去北京读大学的女孩。

她的爷爷是第一个走出村经商的人，到了她这代算是三代从商了。这让她耳濡目染，从小就有商业思维。

小时候她家里为了锻炼她的商业思维，经常让她替家里买东西，会和她说这个产品成本价大概多少，经销商赚多少，让她从小学会分析不同的生意不同环节的利润和成本是多少。

每个人都有一份自己做人做事的底色，和我们小时候受到的教育有关。而对于侬米老师来说，或许"珍惜他人给予的信任"就是她非常珍贵的底色之一。"信任"这两个字也为她之后的人生赢得了宝贵的财富。

13岁的她如何用互联网赚到第一笔钱

每次聊到小时候的经历，她都笑着说："互联网是我最大的杠杆，而信任是杠杆中的杠杆。"

生活在小县城的她，平时接触的信息非常少，每周定期更新的杂志是接触外界讯息的唯一来源。而生性好奇，爱探索尝试的她在13岁拥有第一台笔记本电脑的时候，开始用拨号上网的方式连接小县城以外的世界。

她喜欢逛猫扑、天涯、百度贴吧等论坛，曾经在论坛上连载小说，有人看到她的文字能力，便开始找她写小说，她便大胆地尝试，渐渐地，她看到自己的文章出现在几个杂志上。

那时候她还是个未成年人，没有身份证，对方就用信封把钱寄给她。这是她第一次在互联网上赚钱，也因此认识了不少互联网上的朋友。

当年的互联网发帖交朋友，大家都非常真诚。她因此通过互联网认识了很多知名大学的学长，也让自己的视野扩大到了县城之外的世界。

那时候刚好北京发生"非典"，京东商城、淘宝网、腾讯网和QQ游戏平台也都诞生了。她也知道了北京，认识的网友告诉她"北京的大学学习氛围特别好"，就这样她许下了一个去北京读大学的愿望。

对她来说，互联网就是她人生最大的一个杠杆，因为她通过互联网认识了生活中可能一辈子也碰不见的朋友，写出来的东西通过互联网让很多人看到了，在互联网学会了老师教不了的技能。

而在互联网上如何争取到陌生人的信任，和陌生人快速成为朋友或者合作伙伴，这是她的第二个杠杆，也就是她自己说的"信任是杠杆中的杠杆"。

而能够和陌生人通过互联网建立信任这个优势，也成为她大学毕业后能够跨界得到众多工作邀约的原因。

毕业后第一份工作：跨界进入 1 年花掉 6 个亿的项目

读大学后，微博和博客出现了，她特别喜欢玩微博，也认识了很多早期的微博大 V。

在一次中关村创业咖啡的活动中，她和另一个朋友一起拿到了人生中的第一笔融资，开始尝试做微博方面的运营。只是当时还是个学生的她，还不懂得那就是创业。所以这次尝试最终还没有开始就失败了。

毕业后她先找到两家初创公司工作，一是积累工作经验，二是积累一点资金用来自己创业。

但是作为一个艺术专业的学生，如何跨专业到自己想去的公司和岗位呢？

她想到了一个方法，就是找人推荐！

于是，她在自己的微信里面筛选了一遍从事互联网工作的朋友，然后挨个去做采访，了解他们在什么公司，做什么工作，薪资待遇怎样，成就感如何，新人怎么能进去。

为此，她得到好几个工作的机会，也因此得到了深圳一家公司的工作机会，进入了某个国内知名上市公司控股旗下的互联网公司。当时这家公司 1 年花了 6 个亿，在全国各地开了 1000 家门店。

作为这家初创公司的成员,她在这里经历了一家互联网公司从 0 起步的所有环节,把公司注册、装修、人员招募、业务运营等闭环都走了一遍。

恰恰是这些沉淀,为她后续参与成功运营一个估值过亿的线上轻资产的生活日用品类项目、100 人以上的私域服装项目和私域指导(服务中国移动、保利地产等世界 500 强企业)奠定了基础。

尝试自己创业:两个微信号 1 年销售额达千万元

2015 年,依米老师开始和朋友合伙做淘宝女装。本来是想从淘宝电商中赚一笔,没想到当时淘宝已经在走下坡路了,若不花钱投放直通车,淘宝的个人店铺几乎没有流量进来。

具有超前思维的依米老师敏锐地洞察到个人微信号、朋友圈就是内容输出的战场,提前捕捉到了私域流量的重要性和发展前景,遂将工作阵地转移到微信端。

随后她把淘宝上的老客户全部引流到个人微信号,以及用其他方式(豆瓣/贴吧等)持续扩大流量,通过她独创的五星私域创富系统来对这些客户做精细化运营,通过一步步的用心运营将陌生客户变成复购的老客户。

相比其他电商平台,微信是能和客户产生深度链接最好的平台。因为当一个人出现在你的微信通讯录、朋友圈一段时间后，你会自然而然地觉得对方就是你的老朋友，有一种最熟悉的陌生人的感觉。在朋友圈分享的图片、文字、视频，无形中会植入你的心智，让你逐渐产生信任并最终产生购买行为。

实践证明，这个淘宝项目转型私域后非常成功。

相比以前在淘宝烧钱获客，她改投微信私域流量后，获客成本几乎为零。最重要的售后率从以前的25%降到5%以下，利润大大增加。这个项目的销售额也从最开始转型到私域的0元，到30万元每月，再到100多万元，直至年销售额千万元，做到了年产值单人百万元以上。

做到千万元以上的销售额以后就越来越轻松了，因为她特别擅长做客户的关系运营，知道如何和陌生的客户快速建立信任，并且持续保持客户黏性。

从高峰期突然掉入低谷

当几个人的团队做到千万元以上的销售额时，由于客户黏性高，后面靠自然流产生的裂变和旺季的联动资源，她和团队成员轻松做到了月销售额300万元以上，很多爆款产品呈现几何式增长。

这本来是一件好事,但是实际上却引发了很多问题……

当月销售额稳定在百万元以上后,她就把精力放在了新品牌和新市场上,把老客户的维系工作交给了其他人负责,后面等她真正发现客户投诉升级的时候,原有项目合伙人资金撤离、工厂跑路、发不出货等问题都一并涌来。

踩了一个大坑,赚的钱血本无归,还背负了部分债务,再加上当时个人感情也出现了问题,她整夜失眠,感觉看什么东西都是灰暗的,并陷入了抑郁。

为了还清负债,她不得不再次进入职场工作。一份工作不够,在业余时间还做了兼职。

当时为了能够赚更多钱还债和治疗抑郁,她加入了一个创业者付费社群,试图在里面学习其他老板赚钱的方法。群主邀请她分享自己如何淘宝转型微信创业的经验之后,当天就有几百个老板加了她微信,这些人又把她推荐给了其他人。

也就是从那时候起,她认识了许多做私域项目的老板。其中有些只会发朋友圈促销广告、变现很差的私域项目老板想找她合作,有人竟然一个月付费 10 万元,让依米老师帮他们做私域客户的运营变现指导。意外的是,她服务的第一单项目就帮别人通过朋友圈在当月多赚了上百万元,后面陆续就有其他人开始联系她。

就这样主业打工学习其他服装公司的运营经验，副业做咨询辅导，差不多半年的时间她就还清了所有债务。

互联网创业的尽头是私域：信任是 10 倍杠杆

经历过成功和失败的起伏，依米老师变得更加睿智和稳重了，也就顺势在 2018 年年底成立了一家私域咨询公司。

经过大量操盘辅导的项目复盘后，她形成了个人私域流量项目微信营销体系，总结了一套五星私域创富系统方法。这套私域运营方法涵盖个人品牌、朋友圈、流量获取、团队管理、转化成交、提升转化率和复购率等多方面的知识。

她说私域项目要做好，最重要的是重视客户的终身价值，即提升客户的复购率或者拉长客户的生命周期。

一个项目只要做好客户终身价值，哪怕只有 100 个客户，1 年也能赚 100 万元，而且是可持续的。如果你的项目没有注重客户终身价值的话，那么你就会感觉自己永远缺客户。

比如，燕窝的私域项目，这个项目的客户终身价值做得好的话，老客户每年、每月都会复购，一个老客户一年消费的燕窝和其他滋补保健品大概是 10 万元，这样的老客户有 1000 个左右，基本上一个微信号就能做到近亿级的产出，而且这些客户每年持续复购（客户生命周期长），这个价值是无法估量的。

依米老师说接触过很多私域项目,大部分项目都会犯一个错误:过于追求快速变现,过度营销,损害了客户的终身价值。

比如说有些做私域护肤品的项目,一旦有客户加微信,第一时间就给客户推销产品,不断发广告,直到客户删除拉黑他们……

这种方式就是属于过度营销了,客户本来能在你这里买 10 年、20 年的,但是因为你不合适的营销方式导致客户反感了,一次都没有消费就失去了。

就像谈恋爱,本来一个女生对你有好感,你一上来就非得强迫人家嫁给你,就直接把人家吓跑了。

之前有个做生鲜水果店的老板来找依米老师学私域,说自己店里的微信加了很多客户,但是由于每天在朋友圈很勤奋地发几十条水果的广告,导致上千个客户删除拉黑了他们的微信。

依米老师让她做的第一件事就是先停止做这些过度营销的动作,然后给他们的项目做具体调查,剖析原因,针对性地用五星私域创富系统这套私域运营方法做指导,将客户的信任关系重新建立起来,用信任关系作为撬动业绩的杠杆。

在依米老师的指导下,生鲜水果店 7 天卖掉了 1500 公斤水果,打造出了爆款水果。

尝到甜头后,这个生鲜水果店老板在 2020 年又来找依米老师学习私域，并且直接包下了一座山的苹果树，竟然15天卖掉了整座山上的上万斤野生苹果。

在业内，依米老师非常低调，大部分新客户都是由老客户推荐。在她的付费社群里经常有人说："依米老师在我们圈子里面很有名气。"不少客户没见过面就直接给她付费5万元或10万元学习，还有客户特地从外地坐飞机来专门找她合作。

每年慕名找她合作的客户很多，但她接的项目却很少。因为私域项目的深度咨询合作单个项目耗费的时间很长，为保证服务质量，一年只能接两三个项目做深度咨询辅导。

互联网的尽头是私域。而要做好私域运营，最重要的就是学会像依米老师一样通过微信来建立信任关系，从一次的生意变成一生一世的朋友。

所以，信任是普通创业者撬动财富最好的杠杆。

自媒体人洛子帅：离开体制，只想以热爱的方式过一生

这个世界总有人不走寻常路，所以才构成了五彩缤纷的社会，如果每个人都千篇一律，那会失去很多意思吧？

在当下体制热的情况下，有位"90后"男孩却放下别人梦寐以求的体制内工作，成为一名内容创业者、自媒体人，年入50多万元。

他是部队院校研究生毕业，曾在部队大院工作生活，这是真正的铁饭碗，待遇福利都非常不错，而且工作相对轻闲。

在农村老家人眼里，这已经是实现了命运的蜕变，但他却放弃了稳定安逸的生活。他就是我写作路上认识的老朋友——洛子帅。

我们同是在简书起步成长,也曾在上海的极致大会线下见过面。

2017年3月,洛子帅正式开启在简书的写作之路。虽比我晚注册简书账号大半年,但是他的成长速度却很快。

那时,他在网络上两三个月的收入就是在单位一年的收入了,且还有很大的上升空间。

他是如何接触到互联网写作的呢?

一次偶然的机会,洛子帅在去北京出差的路上,看到座位旁的男子一路在笔记本电脑上敲敲打打,他就好奇地问:你在写什么?那个人说是在写自媒体文章,是一篇手机测评文,最后补充一句,他刚写的那篇文章得到了2000元的稿费。

这让洛子帅非常心动,网络写作这个工作好,刚好自己时间比较多,当作副业挺合适的,赚点零花钱还能提升自己。

他开始研究自媒体平台,得知简书平台适合新人作者,他就注册了简书账号开始写作,最开始写一篇文章,他都要修改好几天。为了提升写作水平,他加入了读书、写书评社群,每领到一本书,15天内要交一篇稿子,以此倒逼自己阅读写作。

这样练笔3个月过后,他又在研究有没有其他的机会,总不能一直这样埋头写吧?

他发现做简书主编倒是挺容易的,很快他就成为简书故事专题的主编。有了主编身份后，他巧妙利用标签去整合资源。

他结识了更多的互联网自媒体人，很快他就接到了兼职2000元的公众号运营，另外一家甚至每月给他4800元。由于洛子帅是专题主编、社群群主，百度运营的人便找到他谈合作，他不仅自己顺利签约，还为群里好几十位伙伴也推荐了合作。

当年的简书主编，其实就是义务审稿员，志愿者而已。只要去诚心申请，一般都可以当主编。

2017年，有那么多专题，主编、副主编、编委人员流动又大，想申请这样的标签易如反掌。

而洛子帅把免费的事情变成了他有形的实实在在的收益，这个转换能力是值得很多人思考学习的。

他后来还利用简书编辑这个标签，广泛链接比自己优秀的人。

他的目的是想看看有没有可抓得住的商机，观摩别人的成长变现路径，在和别人沟通互动中，他又成为拥有几十万粉丝的国学平台的编辑、有书的合作伙伴。

当时，有人问他，你会校对书稿吗？你会运营吗？你有公众号运营经验吗？他信誓旦旦地说："可以，可以，没问题，你看我是简书某专题编辑了，我每天审这么多稿，我群里有那么多写作者，我能号召那么多人。"其实他内心是有些慌乱的……

他是以成长的眼光来看待自己，他是先把活给接下来，自己再去研究学习，然后边学边做。这就是稻盛和夫所说的，以未来进行时来看待自己。

那几年正是各自媒体平台的红利时期，洛子帅把自己链接的资源，多余的分给社群的小伙伴，这也为他后来走上在线教育奠定了很好的基础。

如果一件事情能给自己带来正反馈，也一定会让自己快速成长。

洛子帅在互联网成长的第二个转折点——遇见有书。

2017～2018年很多平台都需要拆书稿、听书稿，洛子帅发现这个需求后，就开始研究写法要求，并对接上了资源。一篇七八千字的听书稿，在反复修改后，成功上了有书平台。

有书坐拥千万粉丝。洛子帅成为有书作者后，主动飞到北京，来到有书办公室和相关负责人谈合作的事情。

因为有合作基础，有书在选择合作对象的时候，很快敲定与洛子帅合作拆书稿课程，这份音频课程上架后，收入很丰厚，也让洛子帅进入了打造个人IP、进行知识变现的阶段。

2019年，洛子帅成立了两个矩阵：一个是读书的矩阵；另一个是历史的矩阵。他的矩阵多次排名在全平台的Top10。

随着平台的激励政策慢慢减少，洛子帅又聚焦线下，做一些本地推广业务。比如与某家文化公司达成长期合作，用微头条文案加图片推广当地的一些产品或风景区等。

2022 年，洛子帅感觉靠作者运营账号不稳定，于是开始组建团队，运营自己的头条号。他大量付费收稿，发布在自己的几个账号上，赚取平台的流量收益，这需要有一定的运营能力、编辑能力。

因为他的账号权重比较高，他对稿件的内容有很好的判断力，知道什么样的内容能成为爆款，仅这项业务，他的几个头条账号，有段时间每天净赚 2000 元左右。

后来，他又注册了两个新的微信公众号，他把头条的爆款内容再发到公众号，赚取流量主收益，实现了多平台创收。

他的账号内容有历史、名人故事等，选题新颖，观点独特，故事引人入胜，有很多人会在看内容的过程中，顺手点击一下文章末尾的广告，一个账号的单天收益就很可观。

2022 年下半年，他用几个月时间又把小红书账号做到了上万粉丝，这又增加了一个渠道收入。

看完洛子帅的成长故事，我们会发现：

洛子帅写作的时间并不算早，2017 年 3 月从零开始在简书练笔，而在此之前，他没有正式写过自媒体文章。

他成长路上有几个关键点：

一是保持好奇心，遇事比别人多思考一步，善于抓住机会主动出手。

如果他不是主动飞到有书的办公地点，也许那次合作机会很可能就轮不到他。有书大平台的曝光合作给了他很大的流量加持。

二是链接各类资源并善于充分利用碎片化时间，多和别人聊天，从中寻找对自己有用的信息。

他当初做简书专题的志愿者编辑，认识了无数个文字爱好者，在后期，无论是做矩阵还是做推广，他都在充分地调动这些文友的力量，让有才华的人为自己所用。

三是不断提升商业思维，与时俱进。他从简书到有书再到做知识付费、今日头条矩阵和线下业务，最后到微头条赚取流量费，以及打造个人IP，他的每一步都在紧跟网络趋势，都是让自己不断精进，成为高价值感的人。

忙碌之余，2023年洛子帅还准备考博士。我说，你自媒体做得这么好，还考什么博士啊？他说张朝阳还在搞物理呢……

正是人与人的不同，才构成了这个世界的多样性、多元化，成功从来没有一种固定的模式，选择自己热爱的生活方式，成为自己想成为的人。

如同《月亮与六便士》的主角思特里克兰德，他放弃了稳定体面的生活就是一种失败吗？

他在坚持自我，坚持自己的梦想，不人云亦云，何尝不是另一种幸福呢？

出世又入世的一紫：她通过网络拥有了经济独立和自由的底气

她拥有与生俱来的写作天赋，对文字极其敏感。9岁时，曾在陕西合阳县征文比赛获得一等奖，10岁时写的文章发表在报纸杂志上。

她拥有独特的疏离清冷的气质，心怀善意，对人总是很温柔，总能捕捉到别人的闪光点。

她的文风特别，喜欢写剖析内心、洞见灵魂的文字。写作风格介于传统文学和新媒体之间。

正如她自己所说：我很早就知道，如此风格的文字，像我的人，是入不了世的。既不是传统文学，又不是拥有巨大流量的新媒体文，不过是一个站立世间无所依凭的普通人，一再地用文字探索内心，自我安慰和救赎，抽丝剥茧般想让自己内心清明。

她就是我认识多年的好友一紫姑娘。

名字"一紫"源于《韩非子》中的：齐桓公好服紫，一国尽服紫。当是时也，五素不得一紫。

她想要做那个清楚自己内心喜爱，有所坚守的、千金不换的、不可替代的，唯一的一紫。

她本身很喜欢紫色，紫色的薰衣草，紫色的勿忘我，紫色的一切美好的事物……

她也是我写作多年来，遇到的为数不多的让我觉得笔下文字令人很惊艳的作者。她的文风有鲜明的个人特色，内容很有思想深度，让人看了还想再看。同样是大家熟悉的汉字，经过她的排列组合后，读起来是那么的与众不同。

一紫的写作用词非常精准凝练，字字句句铿锵有力，诗词佳句信手拈来，这与她年少就热爱唐诗宋词有着密切的关系。

在她身上，我看到了对文字的敬畏心，对传统文学的执念，她对自己各方面要求特别高，是典型的完美主义者。

32岁前，一紫和大部分晚熟的小镇姑娘一样，过得懵懂而知足。在一家央企工作，有着不错的稳定收入。直到她看完毛姆的《月亮与六便士》，选择了辞职，回到家乡追求年少时的文学梦。

在此期间,一紫曾被一家文化公司发现,聘为运营总监,但她只待了两个月便辞职了。原因是她不想成为一个商人。后来家乡的企业邀请她去上班,她也拒绝了。从此,她布衣粝食,过起了清简的生活。

她一边带孩子一边写作。之前有机会出书,但她总是觉得自己写得不好,要沉淀打磨。她也从来不去琢磨赚钱的事,拒绝和放弃了很多机会,只是低头写作,几乎没有收入。这一沉寂,便是六年。

当她再出现在网络上开始写作,是她二胎产后一年多。现在她说有了想要护佑一生的人,为了给两个女儿更好的生活,她决定靠写作谋生。

在无数个孩子熟睡的深夜和未起的清晨,她在某平台上写作,写到200多篇的时候,她那日日磨砺的笔尖和文字,终于被看见。她成了一万粉博主,接着是两万粉,陆续有很多的商家找到她,写文案、商单、剧本、纸媒投稿……重新提笔半年后,她月入过万。

她几乎变了一个人,但似乎又没变。她还是那个喜欢穿布衣背布包,不需名牌加持,站在那里却独有清冷气质的一紫,她还是那个坚守着文学梦的一紫,还是那个内心狷介有所拒绝的一紫……只是，她内心更加柔软，不再是执剑天涯的孤行侠客。

她是两个女儿的英雄妈妈。她说，她曾羡慕黑塞笔下的悉达多，毛姆《刀锋》中的拉里，他们入世又出世，冲破世俗种种枷锁，始终心有所向，找到内心的安宁。而她，38岁后却重新拿起笔，在这人世间为自己架起了一座桥，在入世和出世间穿梭。一边守护自己的文学梦，一边谋生。

她一半时间写纸媒文，一半时间写自媒体文。纸媒，是在坚守她的梦想，而自媒体是她谋生的方式。这大概就是我们普通人在人世间对梦想和现实的妥协吧！

一紫最喜欢的作家是毛姆，她说毛姆所有的书必买，因为毛姆的《刀锋》和《月亮与六便士》改变了她的生命轨迹。毛姆80多岁仍每天握着笔，边写边活动手指的精神，常常激励着她。

她在文章中写道：我们总羡慕别人某项厉害的技能，但却没看到他背后霍霍磨刀地日日坚持，更没看到他一招一式探索学习的潜心修炼。

她庆幸自己这些年一直在深耕写作，才拥有一项拿得出手的技能，别人无法拥有亦无法夺走。

她终于活成了自己想要的模样。最近两个月她靠十几条视频破圈,其中一条就为她视频号涨粉约2万人,阅读量达到近百万人次,她有时一条视频带货业绩就是一两万元。

她的视频内容丰富,文案很有韵律和节奏感,这一切都由她自剪自拍完成,自己写文案,一个人用手机完成所有步骤,每天出门都带上自拍杆,随时记录素材,构思视频选题。

每天晚上还要辅导孩子写作业,可以说一个人扮演了多种角色。这是无数中年宝妈的生活常态,在这种一地鸡毛的生活状态下,还在追求梦想,这是何其艰辛啊!

好在,无论是写文章还是做视频,一紫都是在同时做的人中最先出成绩的人,这与她过去的阅读量、诗词积累、写作功底、对摄影的摸索、好学向上的精神有着很大关系。

时间不会辜负一个人的付出,黑夜也遮不住日夜打磨的光芒。她为自己点燃了一支火把,照亮了希望。

亦舒曾说,人一定要受过伤,才会沉默专注,无论是心灵还是肉体上的创伤,对成长都有益处。

2017年,那是她生命里最郁闷的日子。经历了一些事,加上治了多年的甲状腺功能亢进症复发,生活步步紧逼,她整夜整夜失眠。一个礼拜瘦了10多斤,一夜之间老了几岁。

最难的时候她想过放弃自己,甚至在暗夜里思考过是用小刀片还是水果刀插入手臂更好?

好在，那些痛苦的日子，那些艰难的时光终究过去了。

只有在走过平湖烟雨，历尽劫数，尝遍人间百味之后，才能知晓生命的可贵。

现在，她一周要出两条视频，自拍自剪；每天写篇传统文投稿，已经上稿了很多报纸杂志，但她的梦想是她的作品能上《人民文学》，想成为一名真正的作家；此外，她每天还要写一篇自媒体文，因为有流量才能更好地接广告商单，以此来养活自己的文艺梦。

作为一个有两个孩子的全职妈妈，这是多么不容易啊！

一紫，愿你活得既繁华又优雅，一步步实现你心之所向。

新时代女性标杆凌波微语：左手事业，右手家庭

当今社会，对全职妈妈这个称谓讨论得越来越多了，很多人把全职妈妈等同于向丈夫伸手要钱讨生活的家庭主妇。

传统上，大家认为，家庭和事业不能两全，其实不然。我们写作群里的伙伴凌波微语就是一个既上得厅堂，又下得厨房，有蒸蒸日上的事业和美满家庭的全职妈妈，且早已实现财务自由。她坚强、勇敢、乐观、上进、自信、独立，简直是新时代女性的标杆。

初识凌波微语，惊艳于她潇洒美丽的笔名。凌波一词有两层含义：一为急速奔流的水波；二是形容女子脚步轻盈，移步如履水波。

她的简书首页赫然写着：我知道我没那么优秀，但是我有梦想，并且一直在努力。看到这段话，我便觉得这一定是位了不起的女性。

后来逐步了解到她的人生经历，更觉名副其实。

凌波微语（以下简称凌波）是个湘妹子，热情开朗。她出生在20世纪70年代一个普普通通的农民家庭。在家中排行老大，下面有两个弟弟。那时还有生产队，要挣工分，换取全家人的口粮。一出生是姐姐，便一辈子都是姐姐。

她将姐姐做到了极致。不仅在生活上照顾两个年幼的弟弟，还在其他方面给他们做出好的榜样。她学习成绩名列前茅，希望用知识改变自己的命运，走出农村，帮助家里改善生活。

理想总是很美好，但现实却很残酷。即使她的父母辛勤劳作，砸锅卖铁也不够供养三个孩子上大学。作为姐姐，她为了两个弟弟的前途，不顾家人的竭力反对，毅然决然放弃了上大学的读书之路。

她在老家当过一年的代课老师，可工资不过杯水车薪，依旧负担不起弟弟们的学费。经过一番综合考虑，凌波踏上了南下广州务工的道路。

不怕苦、不服输、敢打拼是她身上最耀眼的光芒。在广州鞋厂打工的日子里，流水线式的工作枯燥乏味，一眼能望到头，这是很多人的一生。可湘妹子凌波并不安于现状,她积极地等待着,努力着,为追求更好的生活做准备。

半年后,她应聘到一家鞋厂电脑室成为电脑排版员,试用期一个月。同期和她竞争的男孩是计算机专业学校出来的,而凌波没有任何电脑基础,但她肯下功夫狠学,一个月后,她的能力超过了那个科班出身的男孩,被留了下来。

领导对凌波说:"从来没有见过学习能力这么强的人,居然在这么短的时间学会了整套流程。"这样有意志力且聪明的人,想不成功都难。

短短半年,她从一个鞋厂打工妹转变为一名办公室里的白领,鞋业放版员;在第三年便成了放版室的主管,管辖下属的十多个人。

与此同时,她的命运也在悄然发生着改变。因为超强的学习能力,她吸引了很多人的注意,也因此,邂逅了她的白马王子。那是一个与她有着太多相似点的四川男孩,他年轻有为,敢想敢干,位居公司的领导层。

虽然家人激烈反对她的跨省恋情,但凌波是个有主见、果断的女子。两人克服一切困难和阻力,经过三年的爱情长跑,终成眷属。

2007年年初,她的先生从广东东莞跳槽到福建泉州,面对新的环境和新的工作模式,他们夫妻犯了难。而此时,孩子又到了上小学的年龄,需要一个稳定的学习环境。她因为身体原因辞去工作,带着孩子回到了四川的一个小县城,开始了全职宝妈生活。

辞职后,她没有收入,过着手心向上的生活,虽然她的先生没有说什么,但是她内心很清楚,这种生活不是她想要的。

在人生地不熟的四川小城,一对母子生活非常艰难,但为母则刚,她努力尽快适应小城的生活,学习四川话,照着菜谱做各式营养餐。那些日子,纵然艰难,却也是熬过来了,连她自己都佩服自己。

她聪慧果断,具有远见卓识和非凡的判断力。2008年,世界金融危机波及范围很广,经济下行,银行倒闭,再加上四川经历了5·12地震,很多人都不看好经济形势,悲观情绪蔓延,凌波却敢做别人不敢做的事情,独具慧眼,逆势而上,说服家人先后按揭买了一处学区房和一个商铺。

2009年,住房和商铺交付使用后,她着手于商铺的租赁事宜。那时的她,从来没有接触过商场,而且还是个外地人,各种困难和挫折都没有阻挡她前进的脚步。

她立即学习了与商铺租赁有关的知识,更是凭着自己的真诚,很快选定了比较中意的合作伙伴,收取了人生中的第一笔租金。这一合作的达成,一直延续到了十几年后的今天。

凌波理性、独立、清醒、潇洒。她说:"我们不仅是母亲和妻子,还是我们自己。我们可以胜任任何一个角色。"

2015年,她抓住时代的红利,准备做微商。从此,她开启了一手带娃,一手创业的生活。

虽然什么事情都是从头干,但凌波什么都不怕。她努力地学习专业知识、销售技巧、文案写作技巧、修饰图片,如何售后以及管理团队经验等,一年后,她用自己做微商赚的钱,给先生买了一辆心仪的车。

她眼光好,不怕苦,不怕累,迎难而上,做成了微商事业,而有多少人只是爬到井沿旁看了看,发现困难重重,就半途而废了。

所以说,成功的路上并不拥挤,只是看你是否能坚持到最后。

凌波还有自己的诗意理想。她喜欢文字,热爱阅读和写作,因此在简书平台挑战日更,每天记录生活中所遇、所思、所感,迄今坚持日更已突破1000天了。

她写散文随笔,写游记,写日常生活,字字句句都是她的心路历程,所思所想所悟。

她是简书持续日更创作者,拿到了1000天日更徽章,并且她敢于为写作投资,现在已经是平台合伙人。如今回过头来看,这又是一次明智的选择，又为她增加一项收益。

她决定做什么事，果断干脆，不纠结，不内耗。

她是平台迎新小组成员，不遗余力地帮助每一位平台新文友尽快融入简书大家庭。

每天码字创作，跑步运动，锻炼身体，丰盈精神，保持自律状态。

她说自己将来一定要活成又酷又美又飒的老太太。是啊！若有诗书藏于心，岁月从不败美人。若有理想藏于心，岁月不亏任何人。

热情爽朗、独立自信、喜欢运动的凌波，还喜欢陪家人到处旅游。她把带婆婆旅行的经历写成文章，记录一家人和和睦睦、其乐融融的生活，让人不禁感慨她先生遇见凌波这样集高情商、财商、智商于一身的女子真是好福气。

这是一位充满着勃勃生机，做什么像什么，做什么成什么的女性。左手相夫教子，右手经营着自己的小事业，家里家外，精神、物质都收获满满。

凌波并没有好的身世起点，没有学历背景，却凭借着自己的智慧和眼光，打好了手中的每一张牌，看看她的成长故事，或许你我都会得到一些启发。谁说女子不如男？谁说阶层固化，普通人没有上升通道？凌波的经历已经给了我们答案。

03
数字游民的生存之道

"70后"的保育员梁家玲：借助互联网弯道超车，过上理想生活

一个"70后"，一个原始学历只有初中的人，一个幼儿园的保育员，为何能在这个"80后""90后""00后"占主流的网络时代脱颖而出，实现副业变现年收入20多万元？

她就是梁家玲，我的社群成员。她曾梦想出一本与育儿相关的书籍，因为她有15年的保育工作经验。她是写作圈最懂得保育的，又是保育圈最会写作、玩社群的人。

论文采，梁家玲的文字只能算是日记体，每篇都很短，家常话，碎碎念。

论年龄，她在网络上算是偏大的人。

论学历，文友圈95%的人都比她学历高。

为什么她能在网络上实现这么高的收入呢？副业收入远远超过了很多人的主业收入。我认为是行动力的差别、思维和认知的差别。

梁家玲非常好学，她参加了多个在线平台的学习，在广东东莞幼儿园工作，一有空就参加各种线下课。在不断学习的过程中，她开阔了眼界，认识了许多优秀的人，提升了格局，同时也让她看到了互联网的强大魅力。

前年，我们在李老师的社群相识，她就主动问我是否有合伙人项目，预约了加入；我也曾在她的推荐下买过某声音平台的终身会员。只是我录了几天就不想坚持了，而她每日录音，每天写文章，每天分享，就这份坚持的精神就足以让人敬佩。

她的收入主要来源于自己持续写文章，社群的成交，分享别人的产品所得，既没有风险，又没有运营成本。

不久前，我用我运营的微信的其中两个朋友圈给她做推广，她几天就变现了5000多元，还给我发来感恩小红包。成为我的合伙人时，她说了句："钱放你那肯定比存在银行利息好太多了。付费就是捡便宜。"这就是她独特的观点。因为我的联盟合伙人拥有推广机会，还有数十个付费社群可加入，这就是流量池。以她这样的运营转化能力，自然能获得源源不断的收入，这样的人越花钱就越赚钱。

梁家玲出生于江西的一个小山村,从小品学兼优的她,却没有读大学的机会。母亲喊着打着就是不让她读书,她是磕磕绊绊地勉强读完了初中。

即便面对如此艰难的环境,她还是考上了高中,只可惜再也没有钱继续读书了。求学之路,就这样戛然而止,飞翔的翅膀被生生折断。

无奈之下,梁家玲带着委屈和不甘,跟随村里人去南下广东打工,去过电子厂,去过机械厂,在酒店里做过传菜员……当年农村早早辍学的孩子都有过这样类似的经历,一切选择都受周围环境和认知影响。

岁月流转,一晃人生已到中年。梁家玲在2011年自考了华南师范大学学前教育本科,这个圆梦计划是广东省给外来打工仔的一个福利,限招100个名额,梁家玲以第43名的成绩被录取。

那几年,她的同事们业余时间逛街、睡觉,而她忙着学习考试,她坚定"活到老,学到老"的理念。功夫不负有心人,她顺利拿到了学前教育本科学历,圆了心心念念的大学梦。虽然迟到了18年,但终是弥补了生命里的最大遗憾。

近几年,因为网络,梁家玲的梦想再次被燃起,在她的多数同事只能拿着一份基本工资时,她已通过副业拿到普通中层管理人员的收入了。

在她身上，我也看到了自己。虽然我是"80后"，同样是受家庭贫寒和当时周围环境的影响，觉得辍学打工是最好的出路，我连中考都没参加，去的是福建服装厂，她去的是广东电子厂。等到我们有心力追梦时，都已经30岁以后了，原生家庭环境和没有学历，让我们绕了太多太多的弯路。

我和梁家玲有个共同点都是沾了网络的光，遇见并抓住了移动互联网的红利，都舍得花钱学习成长，在其他方面都很节省。这与我们自身性格有着很大关系，我们身上都有着强烈的求知欲，或许缺什么，就想奋力追求什么。

《贫穷的本质》曾提到，为什么越贫穷的家庭，读书的孩子越少，因为家人觉得投资读书的回报周期太长了。越早打工就能越快看到钱，这就是所谓的"人穷志短"吧！

现在智能手机早已普及，对于不甘命运摆布，真心要学习，改变生存状态的人，当下环境可以便捷地学到各种知识，可以用一部手机随时学习，我们无须像年少时得依赖家庭，只要自己有决心，就有多种学习方式和平台。

"70后"的梁家玲在网络创业才四年时间，就实现副业年入二三十万元，未来还有很大的发展空间。

这几年，她还在坚持学习理财，坚持定投的理财产品都获得了不错的回报率,此外她还设置了养老金、旅行基金等多种规划。

生而为人,会获得财富是一种能力,会管理财富更是一种重要的能力。

这种魄力,这种胆识,也是她的大多同龄人所不具备的,再次验证了"性格决定命运"这句话。

我曾经和她聊:你销售蛮有天赋的,很多人心态上放不开,没有你这种成交转化能力。

她笑说自己从小就喜欢做生意,就是啥都不怕,"脸皮厚",对赚钱感兴趣。

几个月前,她辞去了15年的保育员工作,决定全心做一名网络轻创业者,时间自由,精神自由,经济自由。

她每天发数十条朋友圈,有时分享产品的二维码,也就是"被动收入"。她不需要做课程,不需要操心维护社群,分享产品,相当于是一个中间商,买卖双方都会感谢她。大多时候,她真是半躺着就把钱挣了。

互联网时代已经不是拼学历、外貌、背景,而是拼个人的实力、链接力、输出力、成交力、网感、营销力等。

这个社会,人与人的链接力、共情力、感知力都是很重要的。会链接人的人好比是一座桥梁,你就是一个超级节点,你就是能量场本身。

每次想到梁家玲，我都会感叹网络带给普通大众的红利，她刚好抓住了。

她是一个很值得信任的人，是个发光的自燃体。

在她身上，我看到了多数人所不具备的行动力和运营成交能力；

在她身上，我看到了一位女子同命运抗争的真实经历；

在她身上，我看到了一位终身努力学习者的模样；

在她身上，我更看到了时代的洪流变迁。

那些通过网络改变命运的人，身上都是具备了某种特性优点，并通过互联网放大提升了。说到底，网络上的创收，最终还是个人品牌和信任度的变现。

创业典范刘智宽：借力打力，让自己走得更远

刘智宽老师，天津华译语联科技股份有限公司董事长，天津市国际发展研究院研究员，南开大学、天津大学、北京科技大学等18所大学硕士生校外导师，教育部翻译硕士评估专家组成员。

一位传统企业主，还如此好学谦卑，怀有空杯心态，这种精神难能可贵。

2020年的疫情对于很多中小企业是一个重创，而刘老师公司的业绩却做到了逆势增长40%。他的故事强烈吸引了我的好奇，在我的邀请下，刘老师接受了我的采访。

刘智宽，他的名字是爷爷取的，寓意：智怀千秋远，心达

天地宽。刘老师出生于河北沧州的农村，从小就是同龄人中的孩子王。从小学到大学，刘老师一直是班干部和学生会成员。

初二时，他有过一段时间的叛逆期，经常和社会青年在一起胡闹，直到长辈语重心长地跟他讲："智宽，你原来是个很好的孩子，现在变成了一个社会小青年，这样下去会毁了你自己，一定要好好读书，那才是最好的出路。"

从那以后，刘老师幡然醒悟，发愤图强，用大半年的时间又成了班里的尖子生。

他从初中就开始寄宿上学，独立性比较强。在外也是自己拿主意做决定，考大学自己报志愿，自己去上学。

大二的时候他就开始创业，这是他人生中一个重要的里程碑。也是从那年开始，他再也没有向家里要过一分钱，反而时常给家里寄钱。刘老师曾经在大二的暑假实现月入6万多元，那还是在2000年。

一个大二的学生，没有资本、没有人脉、没有经验，他是如何突破重重难关的呢？

刘老师学的是英语专业，他将创业方向定位做英语培训。有了想法接下来就付诸行动。

一是组建师资队伍。因为有天然的优势，刘老师在学校发布了招募100名暑期兼职教师的信息，仅仅一天时间报名人数就突破200人,面试队伍排了100米,通过招募,解决了师资的难题。

二是选择上课地点。他与选中的学校合作,利用他们的场地,付给他们租金,让他们感觉闲置的场地被利用,还是非常划算的。

三是寻找生源。分派大家在暑假前考察高端小区,发放传单,介绍他们师资的优势。当时正是放暑假的前夕,家长和学生培训的意愿非常强,这样顺利招到了300多名学生。

四是筹集启动资金。招募的100名老师,每人交200元的培训费,所以有了2万元的启动资金。

五是选定教材。刘老师考察了市面上的几种主流教材,最后选定了《少儿剑桥英语》作为教材,并用2万元培训费购买了教材。

六是延伸后端。他们在英语培训班招生广告上印刷了家教信息,还成交了一批1对1的高端家教用户。

七是解决教师能力问题。在招募了老师后,他们邀请了一些有经验的老师给新老师做培训,让新老师每天做试讲,实行淘汰制,用这种方式筛选出了优秀的老师。

当时他们的授课对象是六年级以下的小学生,难度相对较小,同时每5个学生分配一个老师,有效解决了教学质量的问题。

八是测评和考核。采取严格的家长、教学团队的质量测评和考核,严格把控教学质量,发现问题及时解决。

九是鼓励学生考级,持续学习。鼓励学生参加剑桥英语考级,通过的学生可以继续参加高级别的培训班,持续绑定和学习。

十是巧妙做宣传。把通过考试的学生案例印刷在传单上再去宣传,招生效果超级好。

当我了解到这个创业故事,惊叹于刘老师的商业天赋:一个在校大学生能快速出圈,超越同龄人,让全校优秀学生都为他所用。

用今天的话来讲,刘智宽老师就是善于借力打力,也就是整合资源,调动资源,融资的模式。是啊!想吃猪肉,未必要去养一头猪呀!

可以看出,刘老师在20岁左右时,他的综合素质就已经超过很多人了。

大学毕业后,刘老师来到一家翻译公司兼职做翻译,当时,老板是一个下岗工人,没学历,不懂英语。

刘老师通过接触这家公司,认为自己读了大学,英语又过了8级,肯定也可以开一家翻译公司。一个月的兼职经历,促使他下了再次创业开公司的决心。他把这一商业模式向家人、亲戚、朋友进行了说明,成功筹款 30 万元成立了华译翻译公司。

初入社会的毛头小伙儿成立一家公司,肯定会遇到很多困境,他又是如何摆脱这些困境的呢?

2004 年,百度刚起步,具备前瞻性眼光的刘老师,花了笔钱投入百度推广,那时转化率还不错,他顺利接了好几笔单子,拥有了第一批种子客户。

2005 年,滨海新区正好被纳入国家"十一五"发展规划,赶上了时代的红利。也是机缘巧合,空客 A320 落户天津,刘老师作为首席翻译参与了该项目,成功拿到了创业后的第一桶金。

2005 年,刘老师又接洽了一个大项目,中国海洋石油集团有限公司要翻译一艘船的详细资料,大概 800 万字。当时没有互联网工具,刘老师组织了十几个人的翻译队伍连续工作了 5 个月,期间,刘老师还卖掉了自己新买的一辆车才完成了该项目。

这是刘老师创业初期的两个特别典型的项目,这两个项目加起来创收了三四百万元。

工作以后,刘老师想学习软件开发和编程,于是报考了南开大学软件学院的研究生，和今日头条创始人张一鸣成为同一学院的校友。

35岁之前，刘老师都是顺风顺水的，但是在2015年，他把钱全部投入了股市，股市大跌又加了杠杆，最后被强行平仓，所有资金都没有了。他还卖了1套房子，在外面借了贷款，银行也把他拉入黑名单。那段时间他跌入了人生的至暗时刻。

当时讨债的人天天催债，他都不敢回家，到处找朋友借钱和躲债，他每天对自己说，千万别倒下，一定能东山再起。

他说创业的最大感受就是踩的坑太多，创始人要有千锤百炼的抗压能力。刘老师认为自己是因为当年起步创业一直太顺利，年少轻狂，才造成了中年的大动荡。

后来，刘老师遇到了一位生命中的贵人，也是南开大学的校友，他号召投资群的大咖们投资了刘老师的融资项目"译云翻译平台"。

2017年，在国家号召创新创业形势下，刘老师带领公司做了上百场的路演，得到了丰厚资本、中青创投、蛮子基金等大型资本的青睐，刘老师也加入了非常火的高级投资社群，成为西海社群的名人团成员。

在这些资本团队的帮助下，天津华译公司于2019年成功登陆了OTC资本市场。

他的公司经常给很多高校进行公益培训和讲座。之所以有做公益培训这个举措,是他认为学生们需要提高学习实践的能力,这有利于他们走向社会,有利于他们找到心仪的工作。翻译工作也需要用到大批量的人员,所以刘老师决定提前去帮助学生做好职业规划。

刘老师在给学生做实习实训的过程中,利用在南开大学读研学到的知识,开发了一套专门面向翻译专业学生的系统,能够进行项目管理、语料制作、协同翻译等,获得了使用者的一致好评,并依靠这套系统申请了24项专利和计算机软件著作权,天津华译公司成为国家级高新技术企业、国家级科技型企业。

目前他们的翻译系统已经安装在中央民族学院、天津大学、河北经贸大学、河北传媒学院等全国几十所高校。

由于刘老师本身既懂英语翻译又懂商业运营,所以很多高校聘请他为校外翻译硕士生导师。2020年,刘老师被教育部聘为翻译硕士专业评估组专家。刘老师先后在南开大学、天津大学、河北经贸大学、河北传媒学院等多所高校担任"中国语言服务业历史与发展趋势""翻译技术概论""翻译项目管理""职业生涯规划""大学生创业指导"等课程的主讲老师,他以"专业理论 + 商业案例 + 创业经验 + 行业名师分享"的形式教学,受到高校师生的一致好评。

2021年，刘老师为了帮助更多的学生学习翻译和翻译技术，预备开设"刘老师讲翻译"系列专题，为大家讲解中国语言服务的发展、翻译技术的进步、译员的自我修养、语言服务业对译员的要求等，帮助同学们找准方向，快速成长。

刘老师每加入一个社群，就会研究玩法和规律，积极贡献自己的价值，他的身上具备极致的利他精神，行动力很强，这样的人怎能不成功？

最近几年，刘老师把互联网上的网络营销思维，打造创始人IP等知识，充分嫁接在自己的公司上，把公司做小，把利润做大，先后接到了很多知名公司的咨询服务，为自己拓展了丰富的收入渠道，同时让自己的翻译公司在行业内更具竞争力。

刘老师最大的特点就是把别人闲置的资源调动起来为自己所用，同时还能让各方都受益。正如他说，世间一切不为我所有，但可为我所用。

凡善于调动资源的人都了不起。

爱"折腾"的进化姐：三次进化，只想拥有一个滚烫的人生

我的联盟合伙人里，有一位叫进化姐的人，初听"进化姐"这名字，就知道她是一个有故事的人。

进化姐人如其名，她在人生的道路上不断升级打怪，一次又一次进化成更厉害的自己。从农村教师考研到北京，从身无居所到北京六环买房，再到北京二环定居。直至现在在互联网创业，拥有自己的个人品牌，活出了自己丰盈美好的状态。

第一次进化，是进化姐的求学之路。进化姐出生于江西永新的一个农村家庭，从小她的学习成绩就非常不好，小学她硬生生读了7年才读完。

初中时，进化姐进入了成绩最差的班。父母靠找人求情，

给她转到一个中等的班级。

正是父母的不放弃，让进化姐有了第一次进化，她一路升到班级前 5 名，年级前 20 名，终于考上了高中。

到了高中，无论她再怎么努力，学习成绩就是上不去，进化姐第一年高考失败，离专科录取线还差了一大截。

进化姐决定复读一年。复读的那一年，进化姐更努力了，可是成绩依旧在倒数 10 名徘徊，但进化姐就是不放弃，高考竟然超常发挥，以 480 分的成绩考到了离家近的师范学校。上天果然垂爱永不言弃的孩子。

父母对进化姐的要求很低，希望她毕业以后能回家乡当个老师，安稳就好。

进化姐毅然开启了她的第二次进化。

2003 年，进化姐在 QQ 上认识了她日后的老公杨同学。2004 年，进化姐被分配到农村小学教书，工资只有 600 元。杨同学则去读博士了。

杨同学在北京读博士，进化姐在农村考研，反反复复考了几次均不成功。不得不说进化姐的逆商真是高，毅力真够强，屡败屡战。

2008 年他们结婚了，两个人都没有经济基础，也就是现在所说的"裸婚"。

他们的婚房下雨还漏水,窗上贴的破塑料皮,刮风的时候哗啦啦响,可是进化姐甘之如饴。

功夫不负有心人,婚后第二年进化姐终于考上了研究生。这一年婆婆去世了,杨同学受到了很大的打击,两个人拿出仅有的几千元钱让公公来北京住了一个星期。伴随两个人各自在学校忙着读书,两人夫妻感情也进入了倦怠期,十分迷茫。

看着周围的同龄人在北京买房、生娃,进化姐和杨同学不知道他们的未来在哪里?能在北京安家吗?

2009～2011年,对他们俩来说,感情和经济都是雪上加霜的一段时期。

人在不顺利的情况下,很容易追求相对的稳定。2011年杨同学终于博士毕业,进化姐商量着和他一起回省城高校教书。

临到跟前,纠结再三,杨同学做了一个决定,还是留下来在北京拼一把,就这样回省城还是不甘心。

杨同学申请了博士后进站,进化姐支持他的决定。在她毕业的时候,借了首付钱在北京六环买了一套房子,很多人说她没有脑子,钱都没有还敢买房子。现在看来,那是一个多么明智的决定啊!

或许,上天真是偏爱笨小孩。

2013年,他们的女儿出生了,2014年杨同学博士后出站,留京并解决了一家三口的户口问题。

生活暂时进入了稳定期，进化姐却没有停下她"折腾"的脚步，又开始了她的换房之旅。2012～2018年，进化姐来回折腾换了三次房子。

可以说，这是进化姐的第二次进化，从农村教师，"进化"到在北京二环定居，不得不说进化姐的二次进化确实很成功。

很多人以为到这里就结束了，进化姐从此过上了普通人的正常生活，那就错了，进化姐从来不会停下进化的进程，她的第三次进化之旅又开始了。

如果说前两次的进化有她个人的努力加运气的成分，那么这第三次进化绝对是网络赋予普通人的机会。

2018年杨同学迎来了他工作上的高光时刻，成为知名专家，而进化姐这几年在企业里一直干得普普通通，并且她开始感受到了中年危机。进化姐毅然决然地从外企跑到了私企，并开启了自己的副业之旅。

进化姐做起了微商。可她先生杨专家很不屑于她做的这些工作，有主见的进化姐这三年都是背着老公，偷偷摸摸努力着。

进化姐很认真地对待这份工作，积极参加线上线下的活动，请假跟着团队全国各地跑，通过一年的努力，进化姐从微商小白成为销售大王。这期间的经历对她现在做网络轻创业很有帮助。

2021年，不甘心的进化姐又加入了知识付费领域，可以说这是进化姐做出的一个非常正确的决定。舍得花钱投资成长的人，最终都会收获数倍的回报。

进化姐从商业思维课开始学起，从线上学到线下，"浸泡"在各种群里面，链接了很多优秀的人。

在不断的学习过程中进化姐破圈了，拓宽了思维认知，看到了更大的世界。

她用一个月的时间搭建了自己的付费社区，她热情有能量，大家都很喜欢她，进化姐也感受到了成人达己的喜悦，她也获得了远超之前数倍的收入。

因为有三年做微商的基础，同时具备写文案的能力、共情力、营销能力及销售转化能力等，对于别人来说很难的事情，进化姐都可以信手拈来。

2021年，进化姐在公众号写下了自己的个人成长故事，收获了很多认可她的读者朋友。

2023年，进化姐放慢了脚步，向内求，聚焦自己，提升能量。她在几个教师社群里都是群红式人物，很多人被她的能量吸引，主动链接她，她不再自己去追求流量。

进化姐随手在朋友圈的分享，让她拥有了被动收入。她现在的生活状态和情绪也越来越好。更重要的是她个人营收也有了很大的突破，2024年破7位数或许不是问题了。

进化姐一个人活成了一支团队。她做互联网个人品牌轻创业才短短两年就实现了高营收，这离不开她的好性格、高情商和为人处事的能力。

回顾她这些年的成长过程，真可以用"折腾"二字来形容。

进化姐的几次进化成功虽有机遇的因素，有运气的成分，但更多的是源于她自己独到的眼光和勇气。

生命不息，学习不止；生命不息，折腾不止。进化姐是一个爱学习又爱折腾的女子，她想要的是一个滚烫的人生。

内心住着老灵魂的茉莉：她如何将日子过得如诗一般

　　轻创业，就是一个人或者两三个人创造的业绩可能会是很多实体公司几十个人的业绩。

　　随着移动互联网的普及，网络轻创业者越来越多，我就是其中一名。还有我的联盟合伙人小沫、茉莉、小仙等人，她们都是轻资产创业。轻创业时间自由、空间自由，主要依托于互联网这个载体。

　　轻创业重在一个字"轻"，没有工厂，没有设备，没有大量员工，甚至一个人就是一家企业。

　　比如我，是一位家庭主妇、陪读妈妈，也是名下有两家网络文化公司的从业者，分别担任法人和监事。我是齐帆齐商学院创始人，就在家里工作，还有线上兼职运营协助工作。

目前市场上我所了解的个体轻创业者，有商务类咨询师、社群创业者、个人品牌营销顾问、私域成交顾问、线上教育者、插画师、自由写作者、自由设计师、摄影师、主播、播音员、视频博主、自媒体平台博主等。

我的品牌营学员茉莉是一位小巧玲珑的河南姑娘。

很多人说她有个"老灵魂"，既有"95后"的容貌活力，又有"85后"的认知深度和成熟心智。从大学到职场进阶再到轻创业，短短几年时间，她如同火箭般飞速成长，实现了人生一个又一个重要的里程碑式的飞跃。

以前的她很自卑，还曾抑郁过，现在算是真正活出了自己。过去一年，她勇敢裸辞，进行轻创业。离开上海，旅居云南，期间还遇到了灵魂伴侣，每天跟喜欢的人，在喜欢的地方，做着喜欢的事情，过着理想的生活，创作美好的作品。

茉莉骨子里的韧性、纯粹、清澈，整个人的能量状态以及内在的笃定和力量感，时常会激励和感染着身边的人。很多人会把茉莉的朋友圈置顶，感受她的生活和工作状态，从中汲取能量、获得滋养。

我与茉莉的结缘，始于2021年的11月。那一年，她从上海飞往天津，参加了我的线下游学会，回到上海后，她努力交接完自己当前阶段的工作，并在几个月后，做了辞职的决定，离开了某互联网知识教育公司。

其实，之前她也有过追逐写作梦的想法，只是一直没有等到时机，但随着内心召唤理想之声越来越清晰，她才决心要出去走一走，到外面看一看。

茉莉是从 2022 年年底正式加入个体创业者队伍。她经常说，现在的自己每天都精气神十足，能量满满。尽管每天的工作安排得很密集，但做起来却很高兴。她不是"浸泡"在社群里分享，就是在直播间分享，要不就是在写文章，精力非常旺盛。

茉莉姑娘在大学期间就开始接触网络写作，那时候，正值头条平台火热时期，她多次拿到平台青云计划奖，而且还拿到优质账号奖金。

读书之余她还帮其他老师做助教和社群运营等服务，对于网络自媒体、社群管理、写作基础知识，她都有系统的了解和实战经验。

在抑郁时，茉莉也是靠笔下的一个个文字，实现自我疗愈和蜕变，走出人生的低谷。

2023 年年初，在我的推荐下，茉莉一个月内签约了两本书籍。

虽然茉莉是一名"95后",但她对哲学、心理学、能量学都有自己的研究,阅读量惊人,思想和心智也相当成熟,一开口就能让人折服,真是集美貌与才华于一身的姑娘。

我常戏说她内心里住着个老灵魂。在她近几次和我直播连麦的过程中,有文友评价说,茉莉这么会写,口才又这么好,又特别爱笑,简直太优秀、太讨喜了。

茉莉说,无论是在大学期间,还是在职场工作时期,自己一直会和年长的人打交道。这几年,陆陆续续接触到很多优秀的创业者和企业家,思维也得以快速提升,认知要比同龄人深刻很多。

我们与人相处的过程,本身就是一种学习,所以近朱者赤,近墨者黑。

茉莉做轻创业后,给自己的标签就是写作能量教练。目前,她主要运营写作能量哲学实修营、合伙人项目,包括私教计划等产品。

她以能量为入口,这是她的定位,以一个小切口入手,以点带面,再形成生态位。

因为市场上写作本身已经有很多人在做了,作为后来者,茉莉从零开始。

如果没有差异化,没有特点,是很难做得起来的。茉莉深知，在知识付费这个领域，用户买的不是知识，而是能量。而每一个自媒体内容创作者，都要拥有自己的核心竞争力，也就是差异化能力。

以前，茉莉在自媒体写作时，也会追求爆款，但也会经常遇到灵感枯竭、被逼着输出、写作水平没有提升和精进的问题。

后来，裸辞，开始真正勇敢地做自己时，内在的能量就升腾起来了，这时她又重拾写作，有了一个重大的发现和感受，就是文字可以自然流淌，灵感会源源不断，并且还能够抚慰人心。

原来，写作不只是输入信息、输出知识，更是发自内心地表达灵魂深处真实的声音，让自己内在的能量流动起来。

所以，她选择了写作能量教练这个细分领域的定位，帮助更多的人认知事物本质，回归内在本心。她认为，写作是一个需要不断学习、实践和修炼的过程，而能量哲学的理念，则强调身体、心理和精神的整体平衡，当这两个领域融合起来，将会极大限度地提升个人的写作能力和生命能量。由此，文字会像呼吸一样顺畅表达，灵感也会如泉水一样不断涌出。

她抛掉所有的框架和技法，只从心而发，释放自己的能量，表达内在的灵魂，利用心理能量来创造美好作品，带用户看见自己，改变人生剧本，甚至进入生命之流，走向人生修行之路，开启奇妙的心灵探索之旅。

不得不说，茉莉选择的这个细分定位，非常适合她自身的天赋和才能，也特别符合市场新需求。

我很欣赏她一直坚守和传播中华传统智慧及思想文化。如今，她已带领上千位用户培养写作习惯、感受文字力量，帮他们探索生命内在的心灵成长，这就是她个人的初心和使命。

最近，她推出了最新版本的"写作能量哲学实修营"，很快就有100多人参与学习。

她说自己的文字是从心里流淌出来的，是从自己脑子里一个个蹦出来的，不需要她去费力冥想，仅仅跟随着文字的韵律和节奏，就能形成打动人心的内容，而且这个过程也特别美妙，是一种心流状态。

茉莉凭她的心流式写作能力、很高的个人生命能量，还有高维的认知和智慧，收获了大量粉丝，这其实也是她的人格魅力所在，更是以才华实力圈粉的证明。

茉莉开始做轻创业以来，她只做滋养自己的产品，努力把自己活成作品，也正因为如此，她才能在一次又一次地探索中遇见更高版本的自己，而当她越来越成为自己时，商业模式也会自然形成，同频的人也能被吸引过来。

她说："在这个新时代，我不需要利用营销手段或用户痛点来成交，而是用爱的能量去感召和成就他人。"

如今，茉莉成为一名数字游民，与伴侣定居云南，他们各自做着自己热爱的事情，也经营着彼此难得的感情，在有风的地方，把日子过成诗，拥有了很多人向往的生命状态。

而且，她打算每年在大理举办几次线下主题游学行，比如线下写作坊、个人品牌闭门会，通过线下赋能线上，帮助更多学员获得成长。

未来，她也希望探索更多美好的生活和工作方式，实现全球移动办公模式，包括为中文出海战略贡献自己的价值和力量。

作为一名轻创业者，首先自身能量要强，要有与时俱进的思维，要真的能给别人带来价值和帮助。与此同时，自己还要不断地去学习新的经验、方式，脑子里要有新的知识给学员，才能引领他人更好地成长，自身也才能持续做下去。以上种种都是对轻创业者的考验与挑战。

"95后"茉莉的个人轻创业成长经历让大家看到：不同的生活蓝本，不同的个体，在这个时代下的生存之道。

坚持梦想的果果:如何坚持写作并成功变现

坚持写作梦想

社会上喜欢写作的人很多,但是能坚持下来的人却不多,热爱文字的人有很多,但能通过文字变现的人却比较少。

我的好友果果就是一个喜欢文字,并通过文字实现变现的人。

她是广东某市的事业单位工作人员,拥有还算不错的工作,但她依然主业、副业一把抓,并且都做得风生水起。她是如何做到的呢?又有哪些经营技巧呢?

通过互联网圆梦

2015年,果果开始写传统纸媒,在报刊上发表过一些文章，那时她主要是把写作当作爱好，是一种业余消遣，因为写作获得的实质回报并不多。

2017年，互联网各大自媒体平台办得如火如荼，知识付费、社群营销、微商等也非常火爆。

果果也蠢蠢欲动，尤其是她说在看到我把热爱变成了事业，经营社群很成功后，更让她坚定了自己也要做个体网络创业者的想法。

在刚识字的时候，果果受到大姐的影响，爱上了阅读。在阅读的过程中，果果很羡慕会写书的作者，她时常幻想着自己以后也会写文章就好了。

因为热爱阅读，也因为从小就开始写日记，果果的语文成绩一直特别好，她的语文老师们对她都十分喜爱，他们都特别渴望果果更快成长，会借很多的名著给她看。

从小埋藏在内心的文学梦想种子，果果更是期待它可以早日发芽。

后来，果果受到形象设计师小懒的影响，加入了大型写作成长社群。果果在多个社群里获得了影响力，拥有了属于自己的铁杆支持者。

通过"写作+"获得更多成果

果果家里有茶园、瓜果,她想通过网络为自己父亲卖茶叶,她就写了"爸爸和茶的故事"系列文章,并拍摄图片发布在微信公众号上,在分享的过程中她链接到了一位有资源的人。

这位有资源的人很欣赏她的孝心,就推荐果果链接张老师参加"茶和天下"的活动。因为她前期的用心,也因为她长期的积累和努力,她笔下的作品"爸爸和茶的故事"(图文、视频)入选了"茶和天下"活动,并参与了全球20多个国家的环球展览。

她家的茶叶销售业绩因此大增,她父亲也成了周围人羡慕的对象,这让果果更加坚信写作和传播的重要性。

写作让自己成长的同时,还能让家人过上更好的生活,于果果而言,它变得更加有意义。

她更加认真地经营朋友圈,每天认真写原创文字更新动态,如生活日常、感恩日记、与客户的互动、家里的茶叶推广、喜欢的产品分享等,赚取佣金收入,也就是被动收入。

同时,她加入了多个付费社群,学习别人的运营经验,最重要的是吸引社群里的精准流量。

果果的主要优势就是在每个群都很活跃,很懂得利他,乐于助人,热心解答群里成员提出的问题。她每天所写的文章除了发朋友圈之外，还同步发到几十个微信社群。有时我也真佩服她精力旺盛，能同时运营那么多社群。

果果的热心利他精神，让她在几个大社群里成了"群红"式角色，有了基础流量和IP，她还帮助几位群主分销产品，业绩名列前茅。凭着这些私域流量，果果就实现了月入两万多元。

果果算是一名妥妥的斜杠青年，每天把自己的时间安排得满满的，她享受那种忙碌充盈的生活。

在自媒体的江湖里能活得很好的人都是英雄；能在互联网上打造出个人品牌的人，都是内心强大、左右逢源、善于把握机会、商业思维发达的人。果果就是这样的姑娘。

懂得利他和感恩

在我看来，果果最大的优点就是有一颗坚持的心，而且很有利他精神，很爱付费学习，她因为长期付费学习，复盘总结能力非常强。

也因此，无论到哪个社群付费学习，她都很受欢迎，因为她懂得鼓励他人。

也因为果果很有感恩之心，别人的一个微小举动，她都会在朋友圈写几百字的感恩话语，所以互联网许多大咖都对她欣赏有加，也会帮她分享。这就叫"以人心换人心"。

她更是经常在她的朋友圈感谢我对她的帮助。这样利他的人，如何能不成功？

为热爱坚持到底

果果在写作前期也是一个普通人，后来为何可以脱颖而出呢？

她在写作路上有自己的偶像，她第一个学习的老师就是林清玄，林清玄的《百合花开》给了刚写作的她很大力量。

写作初期的她经常被人嘲笑写的文章像小学生写的，就在果果想要放弃的时候，无意间看到了林清玄的文章，她反复拆解练习，之后的文章便越写越好。

她在写作前期，每天起床后，都会看林清玄老师的散文，大声朗诵，因此，她前期的文风与林清玄老师的文风很像。

果果勤于练笔，乐于分享文章，渴望被更多人所看见，没想到梦想成真，她前期写的一篇文章《跳棋感悟》在《小品文选刊》上发表了。

她在写作路上，之所以看到花开，是因为她把很多时间都给了读书和写作。

尽管写作这个过程很艰辛，但是我们要相信，珍珠之所以能成为珍珠，它必定经历了很多的磨砺。

如同林清玄笔下的百合花，它坚信自己会开花，给足时间让自己向下扎根，努力向上生长。

当百合花开满山坡的时候，很多人纷纷前来看望它，并祈求拥有好的运气。

果果很相信一句话：无论做什么事情，只要坚持去做，都会慢慢变好的，如果还没有变好，只能说时机还没到。

如果你有热爱的事情，也非常想拿到结果，记得要好好坚持下去。相信坚持下去，美好终将属于你。

果果现在的梦想是早日出版一本自己的原创书籍。

我想对果果说声："加油，你可以，你是最棒的！"

04
奔跑吧,追梦人

"狠人"丁与卯:他把"读""跑""写"当成人生的三件套

他坚持阅读,坚持跑步,坚持写作,把"读""跑""写"作为人生的三件套。

他就是我的年度社群成员——丁与卯,连续跟随我们社群两年多了,如今他顺利加入了河北省作家协会。

丁与卯是湖北人,定居在河北石家庄,他是"85后",国防大学硕士毕业,人生中最好的18年奉献给了祖国的国防事业,他曾经写过上千篇新闻稿,22篇文章获得过中央级媒体评比奖励。

他还曾被中央级媒体聘任到人民大会堂采访报道"两会",参加过2008年北京奥运会安保工作,获得省部级表彰7次,荣立过个人二等功。2023年他从部队转业到地方，顺利地进入了省机关工作。

他的名字源于我在课里所说的，要想在网络上打造个人品牌，一定要取个固定的笔名。我举例说起我的名字来源于曾看到的"丁是丁，卯是卯"，我就起名"齐帆齐"，顺着读反着读都是一样，特别好记，且在全网没有重复的。

这样我在哪个群里或哪个平台一出现，别人都会记得。能让人印象深刻的名字，是打造个人品牌的基本标配。

丁与卯就把我这几句话听进去了，他把以前的名字改成了现在的"丁与卯"，用了三年了，在其他很多平台也统一了"标签"，根据定位改成了"丁卯读写悟"，还制作了特色头像，形成了自己的特色IP形象。

有句话说，人生中的很多道理都是好道理，关键是谁和你说，你又是否能听得进去并行动。

头条号"丁卯读写悟"加入齐帆齐MCN以后，粉丝迅速增加到了5500人左右。

行动力强的人总是成长得很快。他在头条号账号"丁卯读写悟"上，发表了一篇生活随笔《双卡双待还能这么玩？被惯性思维坑了4年！》，被头条号推荐后收获了110多万次的点击量，妥妥的大爆款文。

2023年,他在看了热播电影《消失的她》《八角笼中》以后,又写出了见解独到的文章,连续被百家号推荐,点击量破10万+。他的生活随笔《拔牙小记》发表在公众号"丁与卯",被微信推荐得到了近6000多人阅读,后续接连又出现了三四篇爆款文章。

这几个月来,他又写出了很多自媒体爆款文章,从以往传统的新闻稿件作者,变成现在能适应各类题材的创作者,他不断实现突破。

丁与卯是一个特别自律的人,他多次参加各地马拉松比赛,每周至少跑步15千米,风雨无阻。跑步软件记录他近五年已经累计跑了5000多千米了,相当于跑了一次万里长征。他把跑步当作自己的信仰。他自己的标签就是"读书跑步、写思践悟"。

这些标签说起来容易,做起来难。读、跑、写,真的放在一个人身上,且同时进行,还能坚持18年的人,必定是个狠人。这种精神是了不起的,是值得佩服的。

他曾在文章中说,因为当年玩命地加班熬夜写稿,身体终于支撑不住,上楼会出现心慌气短等各种问题,他明白是身体在给自己报警,于是,他调换了岗位,坚持每天跑步,自我锻炼调养,这样一坚持就是10多年,身体逐渐好了起来。

他每年会报名参加全国各地的马拉松比赛，如同信仰者朝圣一般炽热。

目前，丁与卯在简书写作将近 1000 天，参加我们的写作营后，他参加打卡挑战养成了日更千字文的写作习惯，如今他还在持续地日更写作，仅仅简书一个平台就累计输出了 200 多万字。

他的写作版块非常广泛，有日常随笔、游历天下、跑者地界、故乡旧事、书海拾贝，并且在个人公众号"丁与卯"同步精选更新。2022 年在我的推荐下，他签约上架了一部个人自传体随笔集——《路：一个 35 岁男人的精进历程》，发表在掌阅和番茄小说等网络平台。

2023 年他还首次挑战写长篇小说，他说是为了纪念他曾经在部队的 18 年。他用了 106 天写完了首部小说《兵王疯子》，把自己和战友以及身边人的一些故事，融入这部小说的创作中，最终在番茄小说平台签约上架。

我给他留言说：第一次写小说就写到 30 多万字，真是一个狠人！

丁与卯反而很谦虚，把这份功劳记在了我们的写作营、故事营。他说，上完课后，就萌生了独立创作的想法。

不久前，他受邀参加了我们齐帆齐写作营分享，围绕"如何突破卡文"谈了自己的看法。他说，再优秀的作者，也会面临卡文的问题，最好的解决办法就是不停地写。

丁与卯还以自己写30万字《兵王疯子》的痛苦经历为例："印象中，卡文至少有三次，其中有一回实在写不下去了，我坐在电脑前'现场直憋'了一个多小时，也没写出几个字。"

后来他突然记起来我们写书私房课程里说过："小说写不下去了，就要发生重大转折，不仅让创作有新的发展方向，也让读者能够感受到人物的命运变幻。"受到这个启发，他把主人公疯子的养父江左写"死"了，制造了一个意外冲突。

这个重大突发变化，引发出背后的陷害、连环设局等一系列新情节，他一下子又扣着主题拓展出了三四万字的内容。

更让我感动的是，丁与卯在与我直播连麦时说，他在《兵王疯子》实在写不动了，甚至快要放弃的时候，就拿出上课记下的十多页笔记，反复查看，琢磨应对办法。

他还现场直播展示了整理得很有条理的笔记内容，还真是应了老话"苦心人天不负""老师领进门，修行靠个人"，如此好学之人也是我们齐帆齐写作营的骄傲。

2023年3月，丁与卯又与我们分享了一个好消息。他凭借过去写新闻稿的经验以及签约番茄电子书的标签，顺利成为河北省作家协会的会员，并在微博、头条号、百家号通过了加Ⅴ认证。这是他成长路上的又一个里程碑。他还多次到我们写作营分享成长历程，是一位很懂得感恩的人，也是学员们的榜样。

我很庆幸我的身边总是出现那么多不断精进、不断突破自我且自律性特别强的小伙伴，他们无形中也给了我很多的正能量。

大家同频相吸，携手共进，努力向上，向光而行，终将活成自己希望的模样。

斜杠青年话梅：如何逆袭，写就属于自己的传奇

我与话梅相识在 QQ 空间，QQ 空间是当年文青的主要交流平台，同天涯一样异常火爆。那时的她还是个学生，她 QQ 空间里的日志风格，都是一些意识流的随笔，内容多半是她的青春愁思，文笔细腻，让我欲罢不能，满心欢喜。

话梅是建筑工程系毕业生，因执着于文字，所以去修了汉语言文学和戏剧影视文学。

那些年，她在网络上发表了多部校园小说，短篇小说集《韶华易逝红颜老》以及长篇小说《爱人日记》《流年安之若素》《因为爱情》《第八个情人》，成为颇有名气的新锐网络作家。

她的文字厚重耐读，属于传统纯文学，文意深邃，远超她

的年龄。

在快餐文字肆虐的当下，短平快内容冲击着人们的视觉。在熙熙攘攘、喧嚣浮躁的世界里，一位年轻美丽的姑娘，却坚守着纯文学梦想，不得不让人心怀敬意！

2015年话梅出版青春小说《等不到的冬天》，2022年又出版了纯文学作品《何以为家》，由北岛、虹影、梁鸿等人推荐，果麦文化出品。

我一直以为长相漂亮、说话温柔的她出生于生活无忧的小康家庭，直到我看到她的非虚构式题材新书《何以为家》，才知道她的个人成长经历。

在《何以为家》里，她毫无保留地袒露了自己成长的特殊家庭和她的小村庄，以及刻在她记忆里的人和事。

话梅的家庭背景

话梅是河南人，出生于20世纪80年代末。她是一个弃婴，被当时的河南省南阳市南召县天桥村的一户农家抱养。

话梅读书时，总是被同学们嘲笑和欺负，她也差点因此放弃上学。好在祖母、父亲、母亲，全家人都对她非常疼爱。

一辈子任劳任怨的父亲，对抱养来的话梅格外宠爱，一切都以话梅为中心。

在当时重男轻女的农村里,当地人都把自己的女儿早早地打发定了亲,以便获得一些彩礼,贴补家用。村里也有人对话梅父亲说:"早点给你闺女找个上门女婿吧,你供她读高中,看看你都多大年纪了?还能享着她的福吗?"

父亲反驳说:"人啊!不能光顾自己活,只要我的老命在,只凭我的良心,坚决让她继续读书,我也没指望享她什么福,只要她好就好!"

在父亲的大力支持下,话梅顺利地考上高中。然而不幸的是,话梅高中尚未毕业,父亲就因病去世了。家中贫寒,无钱安葬,家人只能草草地将父亲葬在屋后的菜园里。而话梅的母亲,为了供她上学,不得不改嫁。

母亲改嫁后,在另一个家庭过得并不开心。那时话梅已经逐渐长大,她在学校读书,还身兼多份工作,因为她特别想有能力供养母亲,她想有换回母亲自由的底气。

后来,我才知道,话梅的母亲竟是重庆一起特大拐卖案的受害者之一。这可恨的人贩子!她母亲被人贩子多次拐卖,且一直尝试逃跑,不幸总是被抓,抓到就会遭受更狠的毒打,因此失去了生育能力。

话梅在《何以为家》里描述:她的家是一个支离破碎的家,一个用碎片拼接起来的家,如同书的封面文字所说,这是个

"拼图之家"。

母亲是她仅存于世的软肋

都说穷人的孩子早当家，苦难是一所最好的大学。这话放在话梅身上，最合适不过了。母亲改嫁后留了一点钱给话梅当学费，她勤工俭学，完成了学业。

在《何以为家》这本书中，她敞开心扉，用细腻的笔触，书写了真实的成长故事，用充满画面感的语言，描写了由霸道的祖母、软弱的父亲、买来的母亲、抱养的弃婴所组成的一个不可思议的家庭生活回忆录，也包括大山里的那些人们。

看完之后，我被书中的故事和文字深深打动。

话梅长大成人后，为了帮助可怜的养母寻找家人，她写了一篇文章《花600块买来的母亲，被拐卖了3次》，希望养母的家人看见此文，能够与她认亲。

这篇文章情感真实，文笔厚重，一经刊登，立刻被无数自媒体大号转载。在热心网友的帮助下，她的母亲如愿以偿找到了家人，再后来，这篇故事文被平台买断，售出了影视版权。真情的文字验证了文学和传播的力量。

话梅书里很多人物的生活场景，如电影一般上演，就如同我出生的那个农村，演绎着特定时代下生活在农村的农民们。

除了写作,话梅还是健身达人

2019年,话梅陷入了情感和事业的低谷,身体也开始出现各种各样的毛病。写作停滞,无法继续,于是她改练瑜伽,希望通过这种方式缓解身体上的压力。然而效果并不理想,于是她又改去健身,每天待在健身房4个小时。

她的身体慢慢好转。这时,一个朋友推荐她去报名参加世界健美比基尼小姐大赛。

她本来是不想参加的,那时她正在北京旅游,同时也在学习西班牙语。她梦想着有朝一日,把西班牙文学大师的作品翻译到中国来。

朋友给她推荐了一个健身教练,刚好是一位会说西班牙语的澳大利亚人。

于是,她改变主意,报了名。起初只是为了和教练多一点交流时间,练习自己的西班牙语。很意外的是两个月后,她竟然拿到了世界健美大赛的冠军。

她这才发现,人一定要勇敢地迈出第一步,对自己说:我可以。

只要拥有强烈的信念,就会拥有无穷的力量。

后来,话梅听从了朋友的建议,改行做起了专业的健美运动员，并开始自主创业，创办了线上减肥陪伴营以及线下健美馆，利用自己的专业特长，帮助那些想要减肥的人，用科学的方法实现变瘦变美的梦想。

每当她的学员中有人抱怨减肥太难，想放弃的时候，话梅就会对她说："放弃很容易，但坚持下来会很酷，经常给自己积极的心理暗示，就会迎来一个好的结果。"

千万不要产生放弃的念头。因为一旦放弃，就前功尽弃。

有些事情，并不需要靠天赋。如果说真的有天赋，那就是毅力。

唯有努力，才可成功。人生不设限，未来才无限，这就是话梅翻身逆袭的秘密。

征服珠峰，不断突破自我

2023年5月18日，话梅跟随浙江的团队一行五人成功地登顶珠穆朗玛峰，她是其中年龄最小的一位，也是嘉兴区第一位登顶珠峰的女性，更是有史以来中国成功登顶珠峰的两百多人中的一位。

突破极限，勇于挑战自我，站在地球最高峰，这份勇气就让人敬佩。

她说，在登顶珠峰那一刻，高山就在脚下，伸手就能摸到云彩，快乐、喜悦和成就变得微不足道，更多的是对生命脆弱的深刻感悟。

回家后，话梅在朋友圈写道：是勇气，也是运气。感恩与珠峰的这场相遇。自4月14日至5月20日，总计37天。历史上不会有我的名字，但我创造了自己的历史。除了青年作家，我又多了一个新的身份——2023年珠峰南坡成功登顶者。

持续两三个月，中外数百家媒体铺天盖地对他们这次登顶珠峰进行报道。这也是话梅人生中又一次重要的里程碑事件。

话梅大学毕业后就开始创业，对于一个极度热爱自由的人来说，做个体创业者是必然的宿命。现在的她白天运动，做瑜伽、拳击搏斗、经营健美工作室，空闲时阅读、写作，有时还会去各地旅行，每一天每一个小时都安排得满满当当。

左手文艺，右手商业，月亮与六便士同时追逐。

话梅祖母曾教育她，不能靠眼泪博得同情，要靠志气赢得尊重。

她做到了，她是年轻貌美的青年女作家、编剧，也是曾三次行走南美洲的健身达人、世界健身健美大赛冠军、珠峰的征服者。

出生的起点并不能决定终点。人生的苦难，锤炼了话梅坚强的心，让她的文字变得柔软。即使是拼图而成的家，也是她生发爱的港湾，给予她生生不息的温暖和力量，更是她创作的源泉。

话梅是个活得潇洒，有个性，自由又洒脱的女子。她在不断创造属于自己的传奇，探索未知的生命奇迹。相信她在不久的将来，也能勇攀文坛高峰，带给人们更多的惊喜。

多面手柠七：一切经历都有意义

齐帆齐运营群里的柠七，是一位多面手小姑娘，她似乎什么都会做，还都做得不错，所谓全能型人才就是指她这样的人吧。

我想不起来，具体是在哪里认识柠七的，她后来说是在我的今日头条矩阵群里。

2019年，今日头条和市场上各位老师展开了合作，我也是在那波契机下注册了文化传媒公司，注册了两个矩阵，每天忙得不亦乐乎，平台发放商单、接推广、发微头条、投放加油包、对接商务等各种琐事。

柠七当时是大学生，正在上海实习，工资有限，想业余搞点副业补贴生活费，她就在群里接头条商单，一天能赚十几元或几十元。

有次我需要统计表格单子,我在群里问:"谁可以帮忙做下表格呀?"柠七主动说要帮我做,这样我们就有了更多链接。

有句话说,主动就有故事,彼此主动就有了链接,缘分就这样开始了。

她在大学读的是广告传媒专业,在大学时也曾当过学生会副主席、团委干部,积极参加各种校园活动。

虽然年纪小,履历还是蛮丰富的,是个热爱学习,热爱探索的姑娘。

再后来,我的很多杂事,她都会来帮忙,一开始我也没有给她什么待遇,偶尔从商单提成中发个红包给她,快递些书籍给她作为福利。她也相当于提前在我们社群实习了。

一年以后,她走上社会找工作时,也把在我这边的网络社群运营作为工作履历之一,这在应聘过程中也会是加分项,她很顺利地进入了一家上市的4A广告公司。

真是应了那句话,机会是给那些有准备的人。你所做过的事没有白做的。

虽然她上的大学非常一般,但她找工作特别容易,这和她平时不断学习、有很多实操经验有很大关系。

她会公众号排版、会做海报、会运营社群、会经营矩阵、会拍摄图片、会剪辑、会做视频等，这些综合能力集中在同一个人身上，那这个人必然更受市场欢迎，这让她比同龄人有了更强的竞争力。

她在 4A 广告公司主要负责对接公司的商务广告，同事都是学历比她高的人。

工作后，柠七仍然帮我的忙，她自己有时也会写公众号文章，还接些视频剪辑的工作，所有的碎片化时间，她都用来学习成长。

2022 年年底，她开始在线上全职帮我，也是我们齐帆齐商学院的运营官。同时，她也在写小说，那是一部穿越玄幻题材的作品，已签约番茄平台。

很多人说，现在的"95 后"年轻人，已经躺平的人很多，但柠七似乎不属于这类人，她斗志满满，勤奋热情。

这个出生于江西农村大山区的女孩，从小是留守儿童，父母在广东打工，自小独立能力就很强，很懂事，想早点为家庭分担经济负担。

我们分别在 2021 年的 4 月和 2023 年的 3 月初在苏州相聚过，第一次见到她本人，白皙的皮肤、微胖的体形，是个很耐看的人，举止动作给人感觉这是一个做事沉稳、有条理的姑娘。

最近她分别做了自己的多个账号，打算做视频自媒体创业。

她在某书平台，每天下午和她家的5只猫直播，我笑说，你那些猫在给你打工呀！手机放着猫的直播画面，她坐在旁边时回复。

她非常爱猫，在租的房子里特意安排一间房子给猫住，有一只猫是自己买的，其他的是收留的流浪猫。

光伺候猫的吃喝拉撒，都得有很好的耐心啊！没有发自内心的喜爱，又如何能做得到这些呢？

上苍不负有爱心的人，最近，她关于猫的内容的自媒体账号，每天也能接到广告合作了，猫粮也不用自己花钱买了，厂家给她快递相关的猫产品，只需要她在图文或视频内容中展示有产品名字的包装，简单介绍就好。

随着账号粉丝积累得越来越多，商家会出品牌曝光广告费。她的猫真该叫"招财猫"了。

果然一切经历都有意义，一切热爱都不会白费。或许到明年不是她养猫，而是猫足以养活她了。

由此可见，互联网是个宝藏，这要看人们如何更好地利用它。

在这个信息快速迭代的社会里，不进则退，时刻保持学习力非常重要，能拥有混合型技能的人才更是香饽饽。

抱紧网络，与时俱进，终身学习，不断成长。

感恩因缘际会，结识柠七小姑娘，从学生到职场人士，从文字爱好者到网络小说签约作者，再到现在的个体网络自由创业者，有幸见证了她这一路的成长。

自律追梦的金豆奕铭姐姐：人生有梦不觉晚

在大众心目中，有激情追梦的人多是年轻人，随着岁月的磨砺、生活的锤炼，人到中年以后，梦想被束之高阁，得过且过，对一切都丧失了激情，这是现实中大多数人的模样。

但我的社群里有位姐姐已年过半百，她的写作热情丝毫不输年轻人。她对新生事物的探索欲、她对梦想的执着，能感染每一个靠近她的人。

她就是已经62岁的金豆奕铭姐姐，这是她写作时用的笔名，本名叫赵舒娴，湖北武汉人。

2018年，她在微信公众号无意中认识了我，听了我的一些基础写作课，就果断选择加入了我们写作营，一年又一年，这是信任，也是支持，更是缘分。

那时，她有发过来一些文章让我帮忙修改，当时觉得她的基础薄弱，但她的写作精神和创作欲望让人佩服。

关于自媒体知识，关于自媒体平台运营，她都热心地求问，认真地记笔记，如同认真上课的小学生。

她和我说起，年少的时候就特别喜欢文字，喜欢一些与文学相关的东西，后来忙于创业，忙于生计，只能把文学梦想深藏在心里。她始终坚守着自己的责任，先谋生，再追梦，保持着务实的干练作风。

2012年，退休后，心思也闲了下来，想好好地为自己活一把，重拾曾经的文学梦。先自报网课，有书写作训练营；后在2018年春节期间，通过网络，又加入我们的写作营，有了社群氛围的浸泡，她内心热爱文学的种子，如同烈火般燃烧起来。

一个快60岁的人，每天坚持日更写作，而且全部用手机完成。她到处积极投稿，先后参加《知音》《作家文苑》等平台的投稿，拿到了知音故事参赛优秀奖。还积极参与平台的各个活动，她与时俱进，在今日头条、美篇、简书、豆瓣等多个平台同步发布自己的文章，各大自媒体平台都留下了她的足迹。

刚开始她不知道如何在手机上排版WORD文档，如何用手机签约电子书合同，就一点点虚心地请教学习。凡事就怕有心人。现在网络写作相关的软件平台，她都已经用得非常娴熟了。

在金豆奕铭姐姐身上,我看到了"活到老,学到老"的真实范本。在以年轻人为主的互联网圈子里,"60后"的她不以年龄为借口,不因年龄有畏难情绪,永远保持积极向上的心态。

之后,她成为武汉市作协会员。她非常珍惜这种文化组织的认可,坚定了余生通过写作,成为一名艺术创作者的决心。

2019年,她曾特意飞到合肥来看我,她本人看起来比实际年龄年轻很多,气质高贵,举止优雅。在她身上,知性文艺范儿十足,很有亲和力,与其交谈的人,都会被她所吸引,太有磁场了。

她自己有退休金,还有房产上的收入,但是仍然坚持工作赚钱,利用生活中的点滴时间专心写作,把赚的钱用来投资于学习和变美,坚持创造新的财富增长点。在要求内在美的同时,她也特别注重追求外表的完美。她始终认为女人一定要做到内外兼修,内在努力不断学习提升自己的综合素质,外在注重自己仪表形象的美。若是外在不美,拿什么去吸引别人了解你内在的美呢?

她为了让自己的普通话说得更好,报名了普通话课程,几千元的学费毫不含糊,她还参与了喜马拉雅有声节目。

遇到任何在某一个领域比她懂得稍微多一点的人,金豆奕铭姐姐总是一口一个老师这样叫着,不管年龄大小,虚心地向他们学习。因为三人行必有我师。

但凡遇见她所需要的课程专栏,她就直接转账报名,干脆果断。据我所知,最近几年,她用在各种学习上的花费至少有十几万元以上。

2019年,在苏州文友线下会上,金豆奕铭姐姐不管是唱歌还是走旗袍秀,在人群里,她都是最吸引人注意的那一位。无论谁和她坐一桌,或是同乘一辆车,她都是人群中的主角,一开口就能让人开心快乐。

我做在线教育至今已经7年时间,在我的所有学员中,金豆奕铭是比较让我意外的一位,无论是写作起点,还是年龄、精力,她都不占优势,可是她的作品却一部部诞生。

她自2019年至今,已经陆续创作了四部长篇小说,第一部《岁月轮渡》由言实出版社出版,我推荐这本书上架了有声平台,目前点击量也已远超40万,也证明了受市场欢迎的程度,这是她写作成长路上的重要里程碑。

小说《凭着爱》由文汇书联出版,《盲婚》已被签约,《恰好美时遇见你》上个月已被出版社定稿签约,等等,这些都是她根据生活中接触的人物原型所创作的。

在人生成长方面,金豆奕铭姐姐中年下海创业给自己压力,先后做过服装、红酒和门窗生意,她主要受益于在房产上丰厚的投资回报。她较早就开始在不同的城市关注房产信息,在后续几年的打拼积累财富后,首先替父母、家人购置了住宅,随后购置了学区房、海景房、门面房等。

她吃到了属于时代的红利,也得益于她的魄力和勇气,她是那个年代敢于主动内退,选择下海经商的人。

选择大于努力,她凭智慧抓住了风口机遇,加上能干肯吃苦,金豆奕铭早早就实现了财富自由。

虽然已到了可享受生活的年纪,但她并没有止步,仍在全心地追逐她的写作梦,以文筑梦,以文修心。

她的这股创作热情、写作劲头、向上的韧劲真是让很多人敬佩啊!

人生有梦不觉晚,有志不在年高,就是指像金豆奕铭姐姐这样的人吧!

她就是那个文学路上的"追梦少女",年龄于她只是个虚幻的数字而已,她活得早已忘记了年龄。

金豆奕铭姐姐80多岁的老母亲曾对她说,房子、票子、车子都是没有太大意义的东西,但写下的文章、出版的书籍,这是精神思想,可以传承下去,这才是可贵的财富。

我一听,这位80多岁的老人,真是不简单啊!金豆奕铭姐姐补充道,她母亲到现在还在坚持写日记呢!写下的日记,有满满的一大柜子。也难怪能有金豆奕铭姐姐这样优秀的女儿啊！

而且金豆奕铭的三个妹妹也很优秀，小妹妹当年被保送中国科学技术大学，后来去英国进修，学业有成后回国，现定居于北京发展，是一位社会精英式人物，励志又精彩。这也与她有位优秀的母亲、受深厚家庭底蕴的熏陶分不开吧！

金豆奕铭姐姐活得又飒又酷，有智慧又通透，一生都在追求自我、超越自我，不断追求生命体验，丰富内在灵魂。

她是一个活得很清醒，很超脱的人，她人生的每一步选择，都超越她所处的环境和年龄，具备了前瞻性思维的特质。

明明可以舒服地过退休日子的人，却比年轻人更加努力。

她说在写作这条路上，会一直坚持下去。因为作家是令人敬重的职业，她为之甘愿自律独处，她拒绝了不必要的应酬，喜欢创作丰富文字时忘我的境界，直到永远。

喜欢你，祝福你，金豆奕铭姐姐。一生温暖，愿你如那浪漫满园的花朵一样，多姿多彩。

多重光环身份的张宏涛：如何让自己逆袭为人生赢家

34岁之前，他月收入都在2000元以下，不是名牌大学毕业，父母也是普通农民。在这种情况下，如何逆袭呢？

34岁之后，他一不理财，二不炒房，凭着不断创新突破，靠一个爱好一路狂奔，将收入提升了近40倍，不得不让人啧啧称奇。

现在的他，身上有很多光环，随便拿一个出来，看着都很了不起：心理咨询师、家庭教育指导师、微博心理领域微访谈金牌答主冠军、简书心理专题首批推荐作者、自传写作班创办人、河南省作家协会会员，《爱与自由：父母必修的16堂课》作者。

这个转变是如何发生的？他的爱好是什么呢？

与家庭教育结缘

2006年热爱文学的他，加入了一个大学老师创建的图书工作室，开始参与家庭教育类图书的创作。为此，他把当时市面上可以看到的家庭教育类图书，几乎全部看了一遍。

他发现大部分家庭教育类图书，都乏善可陈。内容大多很老套，还有很多都是对国外家庭教育图书的拙劣借鉴。

他要创新。他开始回顾自己的成长经历，并调查了很多朋友的童年成长环境，为此总结了很多家庭教育上的经验教训，并写成了一篇篇很有启发性的文章。

不到一年时间，他参与编写的家庭教育类图书，其中一本获得了2007～2008年度十大家庭教育图书榜首的荣誉称号；另一本家庭教育图书，还被国家新闻出版总署点名表扬。

之后，他开始做自由撰稿人，各类题材和体裁的文章都写，也陆续在全国各大报刊发表了上千篇文章。

生活百态类、职场类、婚姻情感类、家庭教育类、励志类、古代传奇故事系列……他都写过。

其中，最让他有成就感的是家庭教育类文章。别的文章，发表了，读者看了最多说一句"很有意思，很有智慧……"

但家庭教育类文章,却能引发很多家长的反思,甚至落泪。比如他的一篇《妈妈和儿子的寻人启事》一文,被《金陵晚报》和《大河报》重点推出。不仅刊登了全文,还刊登了一些家长的读后感及教育专家的点评。

还有不少大刊的主编告诉他,他的文章把他们的儿女看哭了,也让他们很受触动……

所以,在发表过众多文章后,他开始聚焦家庭教育领域。不再什么题材的文章都写了。

潜心修炼与华山论剑

2012 年开始,他先后加入了几十个很热闹的家庭教育类的 QQ 群,与数千位处于苦恼中的家长进行深入交流,了解他们与孩子的矛盾,了解他们解决问题的模式和办法,了解他们各种无效方法的弊端所在。

对家庭教育现状了解得越多,对家庭教育领悟得越深,他越觉得悲哀和痛心。那些父母本来可以不必那么苦恼,那么多孩子本来可以更好地成长,但因为各种不恰当的家庭教育理念和方法,导致父母与子女之间产生了太多本不该有的矛盾、冲突和痛苦。

他认为,这样的双输局面应该停止。明明有更好的双赢办法,让更多的家庭更幸福!那就是爱与自由呀!所以,他开始尝试着帮助一些熟悉的家长朋友,并开始在一些家庭教育QQ群分享他对家庭教育的理解。

很快,他的理念就受到很多家长的欢迎。在他的具体指导下,不少家长转变了观念,改善了和孩子的关系,孩子的问题也自然得到了改善。

在各个家庭教育群里,因为教育理念的不同,很多专家还有家长也会彼此辩论,但他的逻辑清晰,观点明确,方法实用,所以,很快,他拥有了第一批忠实的粉丝。不过,也有不少持不同观点的专家及家长,在辩论不过他的时候,常会这样说:"你这是纸上谈兵,你还没孩子,等你有孩子了,你就知道了,你不可能不打骂孩子的。"

面对这种质疑,他决定去学习心理学,为自己的家庭教育理论增添一些心理学的论据。

早在读大学时,马斯洛等心理学家的著作他就已经看过很多遍,后来成为著名心理咨询师武志红多年的忠实读者,他对心理学是有所了解的。

2014年,他参加了心理咨询师培训。

刚开始正式学习心理学时,他还以为都是理论,并没有指望能学到什么,只是想拿一个证书。但是当他打开心理学教材,却如获至宝，相见恨晚，如同获得了一本武功秘籍。他一边看一边思考着如何将书中的理论运用在现实中。

心理学教材里有很多理论证明了他自己理念的正确性，更有很多新的理论让他耳目一新，给了他很多启发。

第一节课后，他的老师著名心理咨询师岳晓亮赞许他很有悟性。这让他兴奋极了，他说："这就好比一个自学成才的武林新人，获得了一本系统的武林秘籍，又被武林宗师赞许有悟性、有前途一样。"

从此，他在心理学上的学习劲头就更足了。心理咨询师的教材，他用学以致用的心态翻来覆去看了许多遍，考试轻松过关。

正是因为他对心理学的这种痴迷与热爱，将他一开始仅仅只是想考证的想法给颠覆了。他不但拿下了心理咨询师二级证书，还专门建立了心理学学习群，将自己的学习心得分享在群里，旨在帮助更多需要改变的人。

他说，从学习心理学开始，自己变得更沉稳、更温暖了，也变得更加自信，并且影响和改变了身边的许多人。

在他看来，心理学和家庭教育是合二为一的。学习心理学的时候，家庭教育这一块，他也没放下。

在系统地学习了心理学和家庭教育的理论后，他掌握了更多婴幼儿、青少年的身心成长规律，也读了很多经典的家庭教育专著。然后，他每天至少花上 10 个小时，泡在各种育儿群里，义务给求助的家长们解答问题，并与各种流派的专家和他们的拥护者，以及广大家长们交流讨论乃至辩论。

在粉丝们的一再要求下，他建了自己的家庭教育分享群。又用了一年时间，免费在群里进行了 50 多次不同主题的讲座，认真回答了家长们数千个问题，不断优化和完善他的家庭教育理论。

按照《刻意练习》一书的观点，他就是在家庭教育和心理学方面经历了多年的刻意练习。

为富养女儿，开始把自己的能力变现

过去，他一直是个视金钱如粪土的人，他崇尚低收入低消费的低碳生活。但在 2015 年 3 月 31 日这天，他多年的观念，突然有了巨大的变化。

为什么呢？因为当天他的老婆进了产房。

早上进的医院，到晚上 9 点还在产房。他非常担忧，以往的安全感突然都消失了。他担心：如果真的发生了什么意外，该怎么办？

他同时也意识到金钱的重要性，万一需要花钱抢救，却因为没有钱而耽误了，那该多痛苦？

在那一刻他决定：以后一定要多赚钱，不再让老婆置身于这种危险、没有保障的处境之中。

晚上9点10分，女儿终于出生了。看到女儿粉嫩可爱的小脸，他更是发誓：绝不让女儿过他过去那样的苦日子。

于是，他更努力地赚钱。

之前为什么没想着去赚钱呢？因为之前他受到童年阴影的影响，不敢赚钱，不敢成功。

学了心理学后，他看到了自己被种下的心锚，也由此更加认识到家庭教育的重要性。

原来小时候，他看到，每当街上有人卖水果或玩具的时候，有些孩子哭闹一番，父母给买。有些哭闹了，被父母打一顿，孩子更哭闹，父母也会给他们买。当然也有少数孩子哭闹了，父母也不给买的。

而他父母从来不打骂他，却只给他讲道理："如果现在买了，我们家钱花完了，大家就会变成乞丐了。你希望我们都去做乞丐吗？如果现在不买，将来我们有钱了，可以买很多……"

总之，就像他在《你这么穷，一定得从童年找原因》一文里写的那样：

母亲从小给我种下了一个心锚——先苦后甜，先甜就要后苦。

我自己可能没有意识到，但潜意识一直控制着我。潜意识担心如果我享受了美好的事情，就必然会有悲惨的事情在后面等着我，所以我会不由自主地逃避美好的事情。潜意识鼓励我去吃苦，甚至自讨苦吃，因为在我的潜意识里，觉得先苦了，后面就会有甜。先成功了，后面会带来灾祸。

认识到这一点的荒谬后，我敢于去追求甜，敢于成功和赚钱，于是我的收入就快速提高了数倍。

他先是做收费的亲子关系一对一咨询，兼做心理咨询。

接下来，他看到大家的很多问题都有共性，于是又建了亲子关系群，为期一年，每周分享一次家庭教育方面的话题。讲的都是育儿路上必然会面临的问题。比如，孩子做错了，如何批评孩子？孩子做事磨蹭，我们该如何对待？孩子要吃零食，我们该怎么办……

再后来，他又建了育儿日记群，鼓励大家写出日常与孩子的交流互动和对孩子的观察，他来给大家点评。很多人都因为他的真诚和专业加入了他的育儿日记群及其他与心理相关的社群，所以，他的收入一下就提升了数倍。

群友们受他影响，也写了大量充满童趣和引人深思的育儿日记，也写出了育儿过程中自己的烦恼和无奈。他根据大家写的内容，分析孩子这些行为背后的心理因素，指出家长需要注意的事项，解答家长们的各种困惑。

随着认知的不断提升，他的收入又增长了。为了让孩子上好一点的小学，他也在省城郑州买了房，从居住多年的农村老家，搬到了郑州。

这一切的改变，都是因为他对自己孩子的爱和对其他孩子的爱。因此，他非常关注家庭教育，不断提升自己这方面的能量，希望通过自己的努力，让孩子们能够身心更茁壮地成长，让天下的父母都学会更正确地爱孩子。

多年的讲座和点评，让他的育儿功底更深厚了，他也把多年的经验感悟写成了书，2023年7月由作家出版社出版。

尹建莉、武志红、岳晓亮等多位老师为他作序、推荐，这本书就是《爱与自由：父母必修的16堂课》。

他和我一样都是移动互联网的受益者，但同时也离不开过往人生综合知识的积淀。

他以爱为核心，充分运用自己的学习能力，将过往的挫折、经验都转变为财富，不断升级思维模式，打开认知局面，以帮助家长和孩子为己任的大爱思想，也让自己逆袭为人生赢家。

他就是张宏涛老师。

"90后"女战士徐小仙：比我们优秀的人比我们更努力

徐小仙是出生于江西的"90后"姑娘，大学时候去泰国做了交换生。大四去法国巴黎攻读商科硕士，2015年回国进入500强企业工作至今。

小仙是一个能量满满，精力充沛的人。坚持日更文章，坚持每天读书，坚持运动，坚持瑜伽，坚持冥想，坚持每月写复盘。

她无论选对象还是办婚礼，都用科学定位的方式，用EXCEL表格来筛选并做规划，一行行地进行数据统计分析，看得我内心十分佩服，感觉自己简直白活了近40年。

她是一个行动力极强的"女战士"，目标感特别强。

小仙在18岁那年，写过10条梦想，她在31岁这年全部实现了。出国留学，买属于自己的房子，读很多的书，遇见灵魂伴侣，做自己喜欢的工作。

可见她很早就知道自己要成为什么样的人，过什么样的人生，并朝着这个目标坚定不移地努力，直到梦想照进现实。

在异国他乡求学时，语言不通，环境不适应，她靠强大的毅力克服了种种困难，并且全靠自己业余兼职赚生活费和学费。每个周末她在餐馆打工到晚上11:30回家，利用假期还穷游了周边很多国家。

如今小仙已经去过16个国家，200多座城市。她在法国读研究生时，还没毕业，就提前拿到了世界500强达能（中国）食品饮料有限公司的offer。

出国留学那几年，对于小仙来说，不仅让她的学历和能力得到提升，更如同她人生的一笔宝贵财富，这让她的见识和视野远超多数同龄人。

在回国后的工作中，她积极展示自己，直播、主持、演讲、领舞，各种活动她都不错过。她懂得在职场打造个人品牌，主动为自己争取曝光的机会，自然会得到很多关注度以及资源。

后来她又跳槽到蒙牛集团做高级经理，工作再忙，阅读、写作、直播分享，她都没有停过，这是一个对自己有高要求的姑娘。

记得有一次我邀请小仙直播连麦，她刚到成都的某酒店，依然答应和我进行直播连麦分享，当天晚上她还完成了日更几千字的文章。

可以想象，她白天风尘仆仆和客户谈合同，大脑高速运转，与同事对接，下班还在整理资料写总结，更不忘争分夺秒地学习成长。

2022年7月，小仙放弃了年薪50余万的工作，她刚休息几天，就有猎头为雀巢公司出年薪80万元请她，她说自己有一点心动，但是又想到7年的500强职场生活经历已经体验够了，这并不是她的心之所向。

她在和我的聊天中提到在职场上女性年薪超50万基本上已经是天花板了，在一群牛人中厮杀，精神压力巨大，很多时候是没有自主权的。你要完成团队的业绩，配合公司的目标，个人是很被动的，你只是团体中的某个环节，某个螺丝钉而已。

思来想去，小仙还是想做自己喜欢的事情，一切由自己掌控，拥有更多的自由权。她选择做职场个人品牌赋能教练这个领域。

她的勇气和魄力，让很多人佩服。

最近几个月她做职场商务咨询、线下讲课、给别人答疑解惑，做个案、写人物品牌故事，做职场赋能教练、搭建社群、写书稿、写文案、做直播，等等，帮助内心有梦想的人成长，悦己达人。

小仙在辞职后的第三个月，开始做互联网轻创业，就实现了月入5位数，自2023年5月以来，她的收入又飙升了几倍。

虽然和她之前在职场上无法相提并论，但是每天心情都非常好，自己创业自然有无限的可能性，更重要的是这种自由度、快乐感是无价的。她在30岁时，靠自己的收入在一线城市买了一套房子，首付将近100万元，好强的她没有花家人一分钱。

无论是在大学期间决定出国留学做交换生，还是选择进500强企业做互联网快销领域，再到后来选择婚前买房，直到果断辞去高薪工作，她都步步经营，活得努力且绽放。

她坚持参加线下演讲课，锻炼自己的演说能力，报名线上不同的课程，连续两年参加我的写作社群。她还坚持运动登山，挑战一个又一个目标，不断探索世界，体验未知，增加生命的厚度和宽度。

真的是应了那句话，比我们优秀的人比我们更努力！

如果每个人都具有小仙身上的狠劲，哪怕有她一半的自律和努力，如何会不成功呢？至少都不会生活得太差吧！

向每一位认真努力生活的人致敬！不躺平，不抱怨！

"95后"姑娘闫晓雨：如何让写作成为个人能力的放大器

茨威格说，人生最幸福的事，莫过于在他年富力强时，找到自己的使命。

"95后"姑娘闫晓雨，很早就知道自己不要什么，用笨拙的排除法，一点点确定了对写作的热爱，并为之努力。这世界上多少人到老时，都不知道自己要什么，浑浑噩噩一世。这也是人与人之间的差异。

相比大多数人，闫晓雨是幸运的，事业发展上没有走太多弯路，虽然有过内耗，有过纠结彷徨，但都在对写作的探索中找到了方向。

晓雨出生于呼和浩特附近的一个小镇，5岁时，她的父母离婚，晓雨同母亲及姥姥生活。晓雨上学比同龄人早，班上同学都比她大了两三岁，这也让她难以融入集体。

于是，她沉浸在自己的世界里，时而多愁善感，时而天马行空。

高中时晓雨就喜欢写日记，宣泄自己的情绪，日记就是她最贴心的知己。一本本的日记，密密麻麻，承载了她的青春与彷徨。文学的种子在那时就已经悄然种下。

高考失利，晓雨上了天津的一所大学，一切都不是她喜欢的模样，她情绪比较失落，就把大部分时间和精力都放在自己热爱的文字上。以书为伴，以文为友，享受独处时光。

她经常躲在宿舍里写东西，在当时很火的"榕树下"发表文章，还尝试着给杂志投稿。上稿之前曾接到过无数封退稿信，但晓雨越挫越勇，屡败屡战。功夫不负有心人，她的文章成功地发表在《读者》《意林》《青年文摘》等多家知名杂志上。

看着自己的文字变成了铅字，晓雨更加确定了自己的人生方向，那就是未来一定要从事与文字相关的工作。

刚上大二，晓雨就开始在《中国周刊》等纸媒实习，也曾和网友一起开办电子杂志，搞了半年多，虽然没有盈利，但这一切对她后来的成长都是很好的铺垫。

19 岁成为北漂一族

大学毕业后，晓雨又做了人生重要的选择——去北京。她要在北京生活、写作。这一决定遭到家人们的反对："你一个小女孩儿离家那么远干吗？"也有长辈说："你的学历太一般，在北京这样的大都市生存会比较艰辛啊！你妈就你一个女儿……"

在所有人的反对声中，她的母亲默默拿出一张卡，说："真想去就去吧！这张卡上面有 8000 元，给你在北京落脚用。也许你在北京会遇见很多开心的事，也会有糟糕的事，但这都是属于你的经历……"

2014 年，19 岁的晓雨来到北京，在某家新媒体公司工作，成为无数北漂中的一员。她与人合租在一间 9 平方米的次卧，写作桌都无处安放，她只能买个小小的折叠桌，放在床上写作。

北京冬天的夜晚，寒气逼人，因舍不得开暖气，手脚写一会儿就冻僵了，就用热水泡泡。在狭小的空间里，晓雨面对电脑，敲敲打打。外在的困顿并不影响她对诗与远方的追求。

凭着写作经验，她给自己心仪的一家公司投了简历，终于应聘上了。虽然没能如愿当上总监，但公司给她的薪资已是同龄人的两倍。几个月后，晓雨晋升为公司最年轻的主编，再次验证了敢于尝试的重要性，说明"敢"比"会"更重要。

不得不说，写作真是个人能力的放大器。在重要时刻，过往的写作历程，会为我们开启绿灯。

不管白天工作多忙，晓雨都会利用下班后的两个小时和周末的时间继续写作。多年的写作练笔，加上在新媒体公司工作的经验，她知道什么样的文章受市场欢迎，很快她所写的内容被多家平台纷纷转载。随着文章曝光量的增加，她迎来了很多合作资源，受到多家出版社邀约。

工作三年后，晓雨陆续出版了《你可以活成自己喜欢的模样》《你必须叫醒那个沉睡的自己》《一辈子很长，要好好说再见》等书籍。

写作路上的重要里程碑

2019 年有位编辑跟她提出关于追星的书稿选题。

晓雨当时正处在职场的上升期，但是她还是毫不犹豫地裸辞了，因为她对这个选题比较喜欢，错过这个选题机会不一定再有，工作没有了，大不了以后再找，她相信自己的工作能力。

辞职后，晓雨立即只身前往浙江横店，在酒店遇见了追星女孩，并通过她认识了一群追星女孩，很快打入了她们圈层，这是一群追寻光的女孩们。

最终 2020 年《追星星的女孩》得以正式面市。

不知道是因为上天对晓雨热爱文字的馈赠，还是这本书击中了当下年轻人的情感，市场反响超过了她和编辑们的想象，居然累计销售了 30 多万册。

要知道现如今能销售 1 万多册的书已经是畅销书了，她这个已经叫现象级图书了，后来她又出了《追星星的女孩》续集。

这本书的版税让晓雨拥有了第一桶金，也有了更多的底气和自信坚持自己的文学梦。正是应了克里希那穆提所说的那句话："当你全然地投入你内心真正喜欢的事情，谋生的事情就会自然而然地解决。"

2023 年年初，晓雨的第六本书籍《体验派人生》出版，书中分别讲了不同行业的 22 个不同青年人的成长故事，以"95 后""00 后"的年轻人为主，其中有策展"节育环"的青年艺术家、独立摄影师、脱口秀演员、无意义旅行家、百万粉丝的美妆博主等，话题涉及职业成长、自由职业、亲密关系和自我成长。

书中都是一个个特立独行的灵魂，一个个忠于自我的人。

如同这本书的题目"体验派人生"，在我们有限的生命里，最重要的是体验和创造，不断丰富自我，找到自己喜欢的生活方式。这本书的素材灵感来源是晓雨发起的"和 100 个陌生人吃饭"。书中的 22 个人物都是比较有代表性的，看完这些主人公的成长故事，也能给到读者很多的思考和启发。

晓雨在序言中说，起初是因为我这个"吃货"，带着强烈的好奇心，想要通过美食这个纽带，将人、食物、空间三者链接到一起，和生活在大城市里有趣的年轻人进行对话。作为"体验派人生"代表，我只有一颗心、一个身体，没有办法做到真正意义上的体验不同滋味的人生，而这种特殊形式下的采访，总有一种"偷走"别人一段人生的奇妙感。

看得出晓雨是一个很有创意的女孩，她还发起过"北京书店扫荡计划""北京高校食堂系列"活动。

在这些活动中能接触不同领域的人，同时也让自己有丰富的写作素材，观人观己，这也是作为一名写作者很好的输入方式。

在这本书的宣传期，晓雨走过中国很多城市，与读者文友见面。上半年，她在成都旅居一个月，还到上海交通大学等多所大学做了《体验派人生》新书分享会，与学生们一起探讨当下年轻人的生存状态。

从高中写作至今，晓雨一直在与文字相伴，她在传统杂志实习过，做过记者、新媒体。这个"95后"的女孩，每一步都有着自己的坚定追求。

多年的大量阅读和写作经验，加上一路上不断与内心对话，晓雨从那个自卑悲观的少女逐渐成长为平和、温暖、明亮、爱笑，能够包容些许痛苦和脆弱的半熟女性。

开明的母亲

在老家小镇人的眼里，晓雨似乎是个"怪胎"，是他们茶余饭后的话题。同龄人已经忙着结婚生子，她还远在北京漂着，没有正式工作，不结婚、不买房、不买车，与世俗人的标准背道而驰。

好在，晓雨有个开明、可爱的母亲，她在文字中有时称母亲为"赵女士"。

有次回老家，晓雨给她开服装店的母亲送饭，邻居非常好奇，说："这工作日你送饭，是被单位开了吗？为什么不回老家当打字员？"晓雨一脸懵，赵女士递了她个眼色，意思是你听着，别说话就行。

由于母亲不知道怎么和别人说起女儿的工作，对身边人介绍只说女儿是在北京公司里给人做打字员的。轻创业者、作家，她都觉得别人不好理解，在老家人心目中，教师、公务员才是正规的、最好的职业。

母亲后来和女儿解释说，作家不就是打字最久的打字员嘛！这说辞真是酷，也有道理。

晓雨生活在单亲家庭，在那个年代的小地方，母亲承受了各方面的压力。为了维持生计，母亲开过店，做过服务员，还刷过墙壁。

母亲给了她足够的爱与包容，支持女儿去北京，过自己想过的生活，支持她辞职写作，做自由写作者，哪怕女儿以后选择不婚也支持，只希望女儿做自己，成为自己。探索生活，创造和体验生命的价值。最主要的是活得快乐就好，快乐万岁！

看了晓雨的很多文章和母亲的相关内容，我再次感叹，优秀的晓雨离不开母亲在身后的有力支持。

晓雨自从2020年裸辞后，意外又写出了爆款书，她就再也没有到企业去工作了，她成为网络自由工作者，把热爱的事变成了事业。

在北京八年，晓雨换了多处住所，现如今，住得还算舒适，有笔还算可以的存款，继续着她的写作生活，她对世界依然有着波涛汹涌的热情，也有底气选择自己想要的生活。

修昔底德说："幸福的秘密是自由，自由的秘密是勇气。"

近两年，晓雨开始注重打造个人品牌，线下创办读书会，线上线下写书和采访相互联动发展。这两年，她做了多方面探索，还和一些文友合作内容项目，在小红书平台也收获了上万粉丝，拥有了更多的收入渠道，也看到了更加广阔的天空。

以前她是书火人不火，现在是书和人都越来越火。这位觉醒很早的小才女未来的发展空间必定更加广阔。